1

クラスの みんなの たん生月を カードに 書いて
もらったよ。何月生まれが 多いか、少ないかが
分かるように、ならべかえてみよう。

8	1			4		5			1	7
			2					11	6	3
4	11	5		4	5	6				
			9					2	7	12
11	2			11	5	7				
		7					8		12	10
7				7		8				

一目で、多い 少ないが 分かるように
ならべられないかな。

考えて みよう！

ならべ方

できたら
天才！

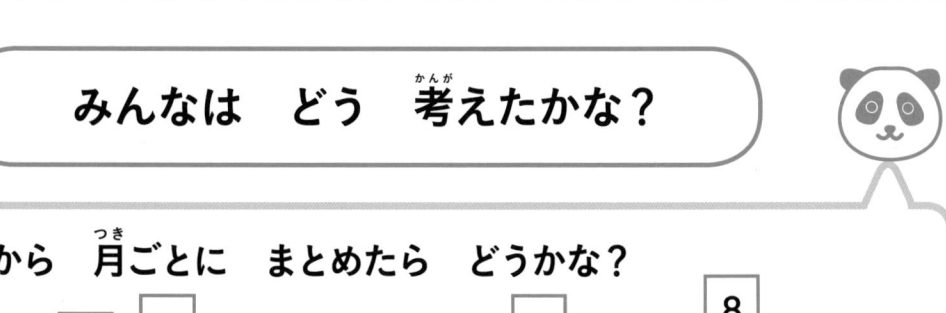

みんなは どう 考えたかな？

バラバラだから 月ごとに まとめたら どうかな？

まとめても 見た目で 多い 少ないは よく 分からないなあ。

たてに ならべて みたら どうかな？

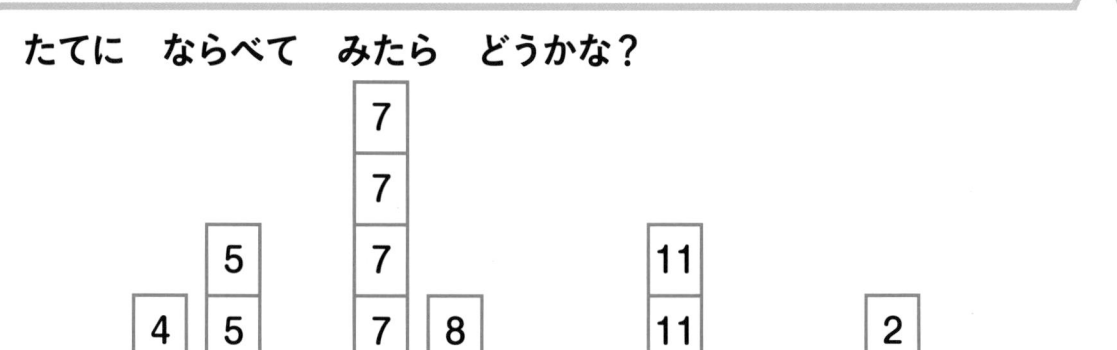

高さで 多い 少ないが 分かるね！

7月生まれが 多い ことが 目で 見て 分かる！

多い 少ないを 高さで あらわすのが ポイントだね。

やって　みよう！

クラスの　みんなの　すきな　くだものを　1つずつ　答えて
もらったよ。

1 それぞれの　くだものを　えらんだ　人数を　ひょうに　入れよう。

くだもの	りんご	もも	バナナ	ぶどう	いちご	メロン
人数（人）						

2 ① グラフに　あらわして　みよう。　　② グラフを　見て　答えよう。

それぞれの　くだものを
えらんだ　人数分の　○を
下の　マスに　入れよう。

一番　多い　くだもの

（　　　　　　　　　）

一番　少ない　くだもの

（　　　　　　　　　）

りんご	もも	バナナ	ぶどう	いちご	メロン

一番　多い　くだものと
一番　少ない　くだものの　ちがい

（　　　　　　　）こ

すきな　生きものしらべを　して、
人数を　グラフに　あらわしたよ。
グラフを　見やすく　するには
どう　したら　いいかな？

○の　場しょが　バラバラで
分かりづらいよ。
○の　場しょは　よこを
そろえると　いいよ。

りす	犬	ぞう	ねこ	小鳥
○	○		○	
○	○	○	○	
	○		○	○
○	○	○	○	
○	○		○	
	○		○	

↓

① グラフが　分かりやすく　なる
　ように、○の　よこの　いちを
　そろえて　かこう。

もっと　見やすく　するには
人数が　多い　じゅんに
ならべかえたら　いいよ。

りす	犬	ぞう	ねこ	小鳥

↓

② 人数が　多い　じゅんに　生きものを
　ならべかえて　グラフに　あらわそう。

グラフが　すごく
分かりやすく　なったね。

2 きりよくして たす

たし算が　かんたんに　なるように
□に　1けたの数を　入れよう！

$$24 + \boxed{} + 18$$

一の位どうしの　たし算は　どんな数の
ときが　かんたんかな？

考えて　みよう！

□

理由
....

できたら
天才！

....

....

みんなは どう 考えたかな？

かんたんに するんだから、小さい数が いいかな。
たとえば 1とか。

$$24 + \boxed{1} + 18 = 25 + 18$$

25 ＋ 18 は、くり上がりも あるし、きりも
よくないし、かんたんな たし算には
なっていないよ。

くり上がりを なくす、きりを よくする……。

あっ、□ に 入れるのは 2が いいよ！

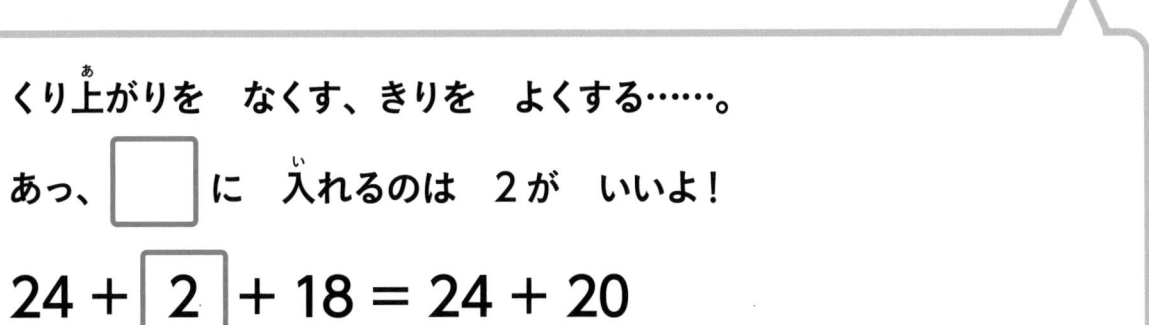

$$24 + \boxed{2} + 18 = 24 + 20$$

2 ＋ 18 ＝ 20 で きりが いいし、
24 ＋ 20 は くり上がりが なくて かんたんだ。

何十に なるような 数を 入れる ことが、
たし算を かんたんにする ポイントだね。

やって　みよう！

「いくつ ＋ 何十」と　なるように　□に　1けたの数を
入れて　3つの　数の　たし算を　しよう。

れい

$23 + \boxed{2} + 18$ ➡ $\underline{23 + 20 = 43}$
　　　　　└──┬──┘　　　　(いくつ) ＋ (何十)
　　　　　　20

① $47 + \boxed{} + 38$ ➡ _____ ＋ _____ ＝ _____

② $36 + \boxed{} + 27$ ➡ _____ ＋ _____ ＝ _____

③ $57 + \boxed{} + 24$ ➡ _____ ＋ _____ ＝ _____

④ $18 + \boxed{} + 74$ ➡ _____ ＋ _____ ＝ _____

⑤ $25 + \boxed{} + 67$ ➡ _____ ＋ _____ ＝ _____

⑥ $66 + \boxed{} + 36$ ➡ _____ ＋ _____ ＝ _____

7

たされる数から　たす数に　いくつか　数を　あげて
たす数を　「何十」に　して　たし算を　するよ。

れい

$$25 + 18 = 23 + 20 = 43$$
（いくつ）　＋　（何十）

2 あげる

① $44 + 38 = $ ___ ＋ ___ ＝ ___

☐ あげる

② $38 + 27 = $ ___ ＋ ___ ＝ ___

☐ あげる

③ $57 + 26 = $ ___ ＋ ___ ＝ ___

☐ あげる

④ $18 + 75 = $ ___ ＋ ___ ＝ ___

☐ あげる

⑤ $66 + 39 = $ ___ ＋ ___ ＝ ___

☐ あげる

3 たし算の きまりを つかおう

たし算の きまりを つかって、たし算を
かんたんに しよう。

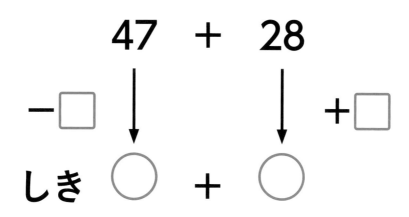

$$47 \quad + \quad 28$$

$-\square$

$+\square$

しき ◯ + ◯

たし算の きまり

たされる数を 大きく（小さく）した分、
たす数を 小さく（大きく）すれば
答えは かわらないよ。

一の位が どんな 数のとき
たし算は かんたんかな？

$$5 + 10 = 15$$

$-2\uparrow \qquad \uparrow +2$

$$7 + 8 = 15$$

$+3\downarrow \qquad \downarrow -3$

$$10 + 5 = 15$$

考えて みよう！

$$47 + 28$$

$-\square$ $+\square$

理由 ....

できたら
天才！

しき _____

みんなは　どう　考えたかな？

とりあえず、□に　1でも　入れて　ためして　みようかな。

$$47 + 28$$
$$-\boxed{1} \downarrow \qquad \downarrow +\boxed{1}$$
$$46 + 29$$

くり上がりも　あるし、きりも　よくないし、
かんたんには　なって　いないよ。

くり上がりが　なくて、きりのよい数に　すれば……。
あっ　分かった。□は　2が　いいよ！

$$47 + 28$$
$$-\boxed{2} \downarrow \qquad \downarrow +\boxed{2}$$
$$45 + 30$$

＋30なら、きりが　いいし、くり上がりも
ないから、たし算は　かんたん！

何十のように、きりのよい数に　するのが、
たし算を　かんたんに　する　ポイントだね。

やって　みよう！

たし算の　きまりを　つかって「いくつ + 何十」の　たし算に
かえて　計算しよう。

れい

47 + 38 = 85

−2↓　　↓+2　　↑

45 + 40 = 85

① 27 + 16 = ☐

−4↓　　↓+4　　↑

＿ + ＿ = ＿

② 34 + 27 = ☐

−3↓　　↓+3　　↑

＿ + ＿ = ＿

③ 56 + 46 = ☐

−4↓　　↓+4　　↑

＿ + ＿ = ＿

④ 42 + 59 = ☐

−1↓　　↓+1　　↑

＿ + ＿ = ＿

⑤ 78 + 25 = ☐

−5↓　　↓+5　　↑

＿ + ＿ = ＿

たし算の　きまりを　つかって「何十 + いくつ」の　たし算に
かえて　計算しよう。

れい

$$47 + 38 = \boxed{85}$$

$+\boxed{3}\downarrow \qquad \downarrow -\boxed{3} \qquad \uparrow$

$$50 + 35 = 85$$

①

$$18 + 27 = \boxed{}$$

$+\boxed{}\downarrow \qquad \downarrow -\boxed{} \qquad \uparrow$

$$\rule{1cm}{0.4pt} + \rule{1cm}{0.4pt} = \rule{1cm}{0.4pt}$$

②

$$27 + 46 = \boxed{}$$

$+\boxed{}\downarrow \qquad \downarrow -\boxed{} \qquad \uparrow$

$$\rule{1cm}{0.4pt} + \rule{1cm}{0.4pt} = \rule{1cm}{0.4pt}$$

③

$$36 + 58 = \boxed{}$$

$+\boxed{}\downarrow \qquad \downarrow -\boxed{} \qquad \uparrow$

$$\rule{1cm}{0.4pt} + \rule{1cm}{0.4pt} = \rule{1cm}{0.4pt}$$

④

$$65 + 37 = \boxed{}$$

$+\boxed{}\downarrow \qquad \downarrow -\boxed{} \qquad \uparrow$

$$\rule{1cm}{0.4pt} + \rule{1cm}{0.4pt} = \rule{1cm}{0.4pt}$$

⑤

$$79 + 17 = \boxed{}$$

$+\boxed{}\downarrow \qquad \downarrow -\boxed{} \qquad \uparrow$

$$\rule{1cm}{0.4pt} + \rule{1cm}{0.4pt} = \rule{1cm}{0.4pt}$$

□ に 1、2、3、4の 数を 入れて、
答えが 一番 大きくなる たし算と、答えが
一番 小さくなる たし算を 作れるかな？

＊一度 つかった数は
2回 つかえないよ

一の位、十の位 それぞれの 数の
大きさに 注目しよう！

考えて みよう！

答えが 一番 大きい たし算

答えが 一番 小さい たし算

作り方 ....

作り方 ....

できたら
天才！

....

....

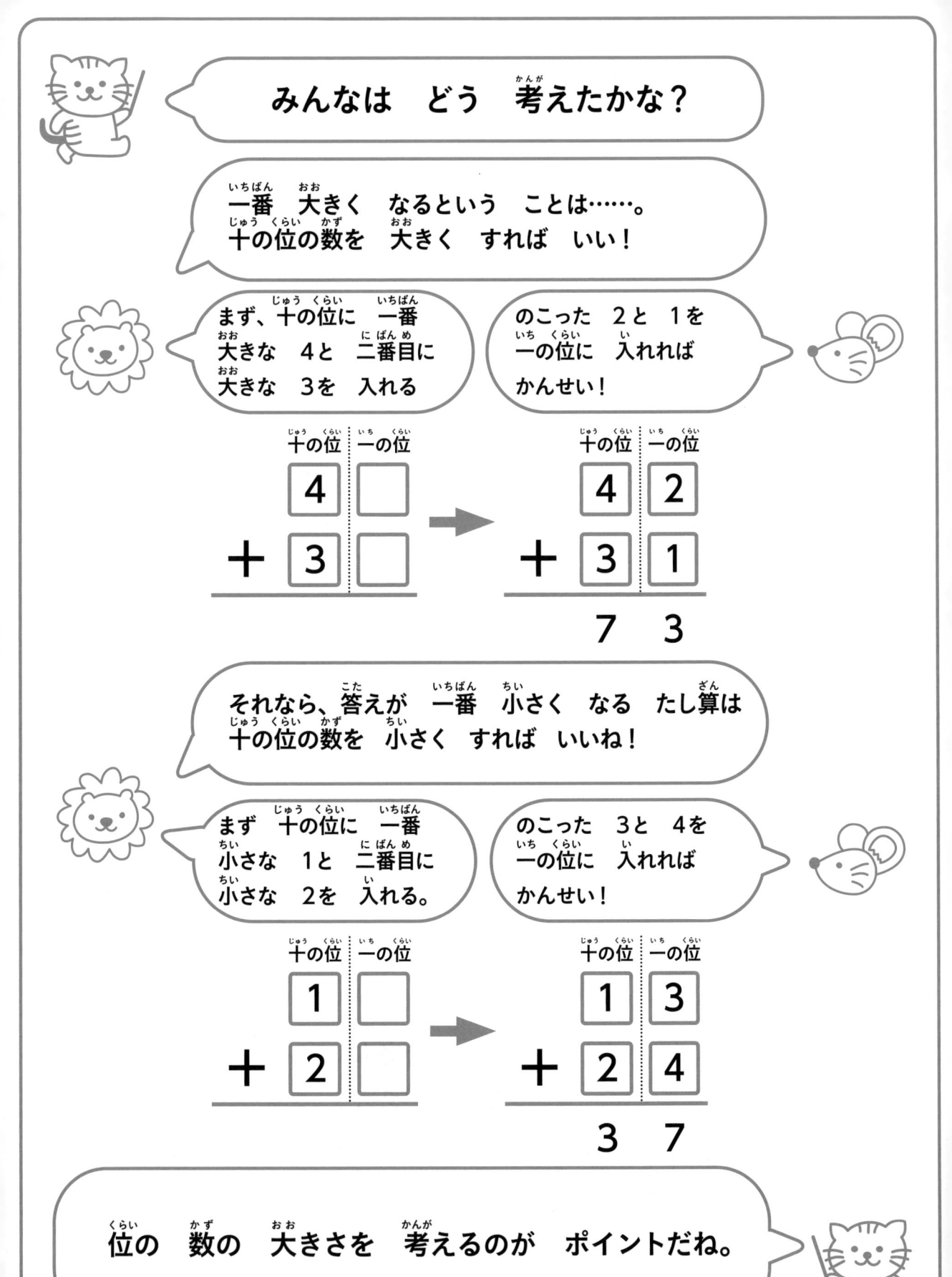

1 ☐ の 中に 2、4、6、8の 数を 入れるよ。
答えが 一番 大きくなる たし算、一番 小さくなる
たし算を 作って 計算しよう。

① 一番 大きい

② 一番 小さい

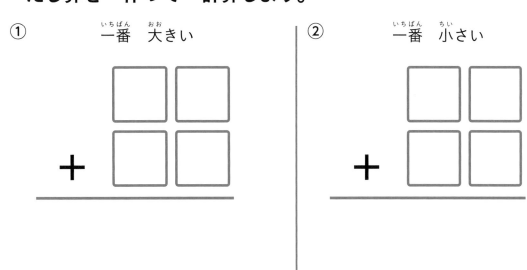

2 ☐ の 中に 1、2、3、4、5の 数を 入れるよ。
答えが 一番 大きくなる たし算、一番 小さくなる
たし算を 作って 計算しよう。

① 一番 大きい

② 一番 小さい

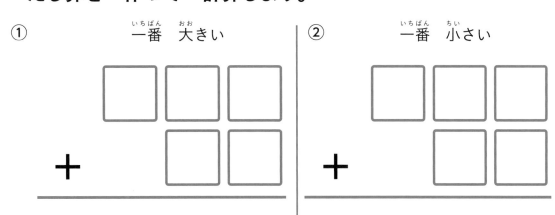

ちょうせんしよう！

0は 一番 上の 位には つかえないよ！

1 □の 中に 0、1、2、3、4の 数を
入れるよ。答えが 一番 大きくなる たし算、
一番 小さくなる たし算を 作って 計算しよう。

① 一番 大きい

□ □ □

+ □ □

② 一番 小さい

□ □ □

+ □ □

2 □に あてはまる 数を 入れて ひっ算を
かんせいさせよう。

①
```
  4 8
+ □ 5
─────
  9 □
```

②
```
  □ 5
+ 3 □
─────
  9 3
```

③
```
  □ 7
+ 6 □
─────
□ 2 4
```

④
```
  6 5 □
+   □ 6
─────
□   3 0
```

ひき算が　かんたんに　なるように
☐に　1けたの数を　入れよう！

34 − ☐ − 8

一の位どうしの　ひき算は　どんな数の
ときが　かんたんかな？

考えて　みよう！

☐

理由 ....

できたら
天才！

....

....

みんなは どう 考えたかな？

1のように 小さな数を 入れたら、ひき算が かんたんに
なるんじゃないかな。

$$34 - \boxed{1} - 8 = 33 - 8$$

33−8は くり下がりも あるし、数の きりも
よく ないから、かんたんには なっていないよ。

きりのよい数に する……。4が いいよ！

$$34 - \boxed{4} - 8 = 30 - 8$$

なるほど 30に なるように したんだ！
30−8は たしかに かんたんだね。

2も いいよ！
−2−8という ことは、−10に なるから、かんたんだよ。

$$34 - \boxed{2} - 8 = 34 - 10$$

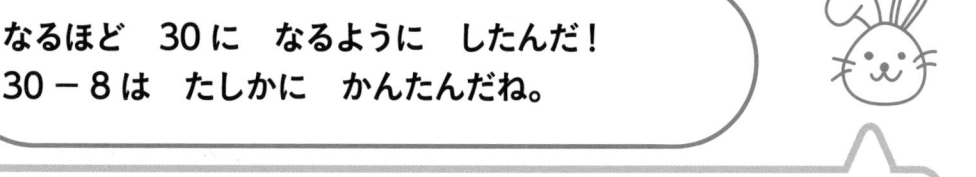

きりよく するのが ひき算を かんたんに
する ポイントだね。

1 「何十 − いくつ」と なるように □ に 1けたの数を 入れて 3つの 数の ひき算を かんたんにしよう。

れい

$36 - \boxed{6} - 9$ ⮕ $\underline{\;\bigcirc\!\!\!\!30 - 9 = 21\;}$
（30）   （何十）−（いくつ）

① $43 - \boxed{} - 8$ ⮕ $\underline{\;\bigcirc - 8 = \;}$
  〇

② $64 - \boxed{} - 7$ ⮕ $\underline{\;\bigcirc - 7 = \;}$
  〇

2 「いくつ − 何十」と なるように □ に 1けたの数を 入れて 3つの 数の ひき算を かんたんにしよう。

れい

$36 - \boxed{1} - 9$ ⮕ $\underline{\;36 - \bigcirc\!\!\!\!10 = 26\;}$
       （10）

① $54 - \boxed{} - 27$ ⮕ $\underline{\;54 - \bigcirc = \;}$
  〇

② $82 - \boxed{} - 44$ ⮕ $\underline{\;82 - \bigcirc = \;}$
  〇

ひかれる数が 「何十」に なるように ひく数を 分けて
ひき算を しよう。

れい

$$34 - 9 = 34 - \boxed{4} - \boxed{5} = \underset{\text{(何十) - (いくつ)}}{30 - 5} = 25$$

$$\boxed{4} \quad \boxed{5}$$

① $48 - 19 = 48 - \boxed{} - \boxed{} = \underline{} - \underline{} =$

$\boxed{} \quad \boxed{}$

② $62 - 34 = 62 - \boxed{} - \boxed{} = \underline{} - \underline{} =$

$\boxed{} \quad \boxed{}$

③ $84 - 58 = 84 - \boxed{} - \boxed{} = \underline{} - \underline{} =$

$\boxed{} \quad \boxed{}$

④ $53 - 27 = 53 - \boxed{} - \boxed{} = \underline{} - \underline{} =$

$\boxed{} \quad \boxed{}$

⑤ $92 - 48 = 92 - \boxed{} - \boxed{} = \underline{} - \underline{} =$

$\boxed{} \quad \boxed{}$

6 ひき算の きまりを つかおう

ひき算の きまりを つかって、ひき算を
かんたんに しよう。

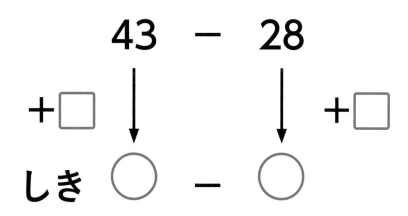

$$43 - 28$$

$+\Box$ ↓ ↓ $+\Box$

しき ◯ − ◯

ひき算の きまり

ひかれる数と ひく数に、同じ 数を
たして（ひいて）しきを かえても
答えは かわらない。

ひく数が どんな 数のとき
ひき算は かんたんかな？

$$5 - 2 = 3$$

$$7 - 4 = 3$$
$$10 - 7 = 3$$

考えて みよう！

$$43 - 28$$

$+\Box$ ↓ ↓ $+\Box$

しき ＿＿＿＿＿＿＿＿

理由 ....
....
....

できたら
天才！

みんなは　どう　考えたかな？

とりあえず、□に　1を　入れて　ためして　みようかな。

$$43 - 28$$
$$+1 \downarrow \quad \downarrow +1$$
$$44 - 29$$

くり下がりも　あるし、数のきりも　よくないし、
かんたんには　なって　いないよね。

くり下がりが　なくて、きりよく　すれば……。
あっ　分かった。□は　2が　いいよ！

$$43 - 28$$
$$+2 \downarrow \quad \downarrow +2$$
$$45 - 30$$

－ 30 なら、きりが　いいし、くり下がりも
ないから、ひき算は　かんたん！

何十のように、きりのよい数に　するのが、
ひき算を　かんたんに　する　ポイントだね。

ひき算の きまりを つかって「いくつ − 何十」の ひき算に
かえて 計算しよう。

れい

$$23 - 17 = \boxed{6}$$

$+3 \downarrow \qquad \downarrow +3 \qquad \uparrow$

$$26 - 20 = 6$$

①

$$32 - 18 = \boxed{}$$

$+2 \downarrow \qquad \downarrow +2 \qquad \uparrow$

$$ - =$$

②

$$45 - 19 = \boxed{}$$

$+1 \downarrow \qquad \downarrow +1 \qquad \uparrow$

$$ - =$$

③

$$51 - 26 = \boxed{}$$

$+4 \downarrow \qquad \downarrow +4 \qquad \uparrow$

$$ - =$$

④

$$64 - 35 = \boxed{}$$

$+5 \downarrow \qquad \downarrow +5 \qquad \uparrow$

$$ - =$$

⑤

$$83 - 47 = \boxed{}$$

$+3 \downarrow \qquad \downarrow +3 \qquad \uparrow$

$$ - =$$

ひき算の　きまりを　つかって「いくつ − 何十」の　ひき算に
かえて　計算しよう。

れい

$$24 - 18 = \boxed{6}$$

$+\boxed{2}$ ↓　　↓ $+\boxed{2}$　↑

$$26 - 20 = 6$$

---

①

$$33 - 19 = \square$$

$+\square$ ↓　　↓ $+\square$　↑

$$ - =$$

---

②

$$46 - 17 = \square$$

$+\square$ ↓　　↓ $+\square$　↑

$$ - =$$

---

③

$$52 - 26 = \square$$

$+\square$ ↓　　↓ $+\square$　↑

$$ - =$$

---

④

$$71 - 45 = \square$$

$+\square$ ↓　　↓ $+\square$　↑

$$ - =$$

---

⑤

$$85 - 58 = \square$$

$+\square$ ↓　　↓ $+\square$　↑

$$ - =$$

7 ひき算の ひっ算の しくみ

☐に 1、2、3、4の 数を 入れて、
答えが 一番 大きく なる ひき算と、答えが
一番 小さく なる ひき算を 作れるかな?

```
    ☐ ☐
  ― ☐ ☐
  ─────
```

*一度 つかった数は
2回 つかえないよ

位の 数の 大きさに 注目しよう!

考えて みよう!

答えが 一番 大きい ひき算	答えが 一番 小さい ひき算

```
    ☐ ☐              ☐ ☐
  ― ☐ ☐            ― ☐ ☐
  ─────            ─────
```

作り方  ....

作り方 ....

できたら
天才!

みんなは どう 考えたかな？

ひき算の 答えを 大きく するには……。
ひかれる数と ひく数の 差を 大きく すれば いい！

まず、十の位の 差を 大きく するから 上が 4、下が 1。

十の位 一の位
4
ー 1

→

十の位 一の位
4 3
ー 1 2
　 3 1

一の位は くり下がらない方が 差が 大きく なるから……。上が 3で 下が 2。

ひき算の 答えを 小さく するには、ひかれる数と ひく数の 差を 小さく すれば いい。

十の位は 差を 1に できるな。

十の位 一の位
4
ー 3

→

十の位 一の位
4 1
ー 3 2
　　 9

一の位は くり下がった方が 差が 小さく なるから 上が 1で 下が 2。

もっと 小さく できるよ。

上が 3、下が 2。

十の位 一の位
3
ー 2

→

十の位 一の位
3 1
ー 2 4
　　 7

一の位は くり下がりに するから 上が 1で 下が 4。

位の 数の 大きさを 考えるのが ポイントだね。

やって みよう！

1. の 中に 2、4、6、8の 数を 入れて 答えが
一番 大きくなる ひき算、一番 小さくなる ひき算を
作って 計算しよう。

① 　　　　　一番 大きい

$$\boxed{}\ \boxed{}$$
$$-\ \boxed{}\ \boxed{}$$

② 　　　　　一番 小さい

$$\boxed{}\ \boxed{}$$
$$-\ \boxed{}\ \boxed{}$$

2. の 中に 1、2、3、4、5の 数を 入れて 答えが
一番 大きくなる ひき算、一番 小さくなる ひき算を
作って 計算しよう。

① 　　　　　一番 大きい

$$\boxed{}\ \boxed{}\ \boxed{}$$
$$-\ \boxed{}\ \boxed{}$$

② 　　　　　一番 小さい

$$\boxed{}\ \boxed{}\ \boxed{}$$
$$-\ \boxed{}\ \boxed{}$$

0は 一番 上の
位には つかえないよ！

1 ☐ の 中に 0、1、2、3、4の 数を 入れるよ。答えが 一番 大きくなる ひき算、一番 小さくなる ひき算を 作って 計算しよう。

① 一番 大きい

```
  ☐ ☐ ☐
－   ☐ ☐
─────────
```

② 一番 小さい

```
  ☐ ☐ ☐
－   ☐ ☐
─────────
```

2 ☐ に あてはまる 数を 入れて ひっ算を かんせいさせよう。

①
```
  ☐ 8
－ 2 ☐
──────
  6 5
```

②
```
  ☐ 5
－ 4 ☐
──────
  3 9
```

③
```
  3 ☐ 7
－   8 ☐
────────
  ☐ 6 0
```

④
```
  ☐ 2 ☐
－   ☐ 6
────────
  3 7 8
```

認 定 証

算数クイズ
1〜7

殿

あなたを
「この１冊で身につく！２年生の算数思考力」
算数クイズ１〜７修了と認定します。
ここにその努力をたたえ、
認定証を授与します。
これからも算数クイズ名人を目指し、
思考力を伸ばしましょう！

年　　　月　　　日

筑波大学附属小学校　大野 桂

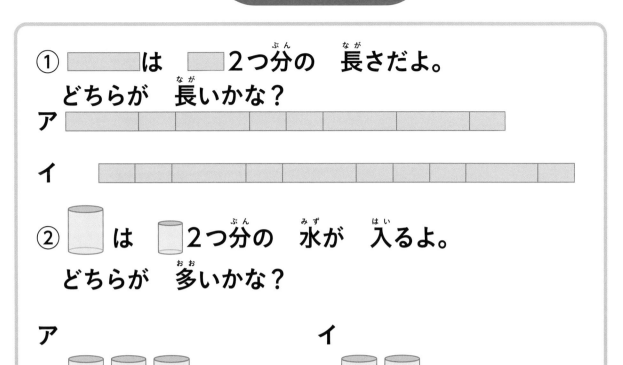

① ▭ は ▭ 2つ分の　長さだよ。
どちらが　長いかな？

ア

イ

② ▯ は ▯ 2つ分の　水が　入るよ。
どちらが　多いかな？

ア　　　　　　　　　　　　　イ

1つ分の　大きさが　ちがう　ときは、
どうしたら　いいかな？

考えて　みよう！

① 長さ

_____ が　長い

理由 ....

....

....

② かさ

_____ が　多い

理由 ....

できたら
天才！

....

....

みんなは どう 考えたかな?

ア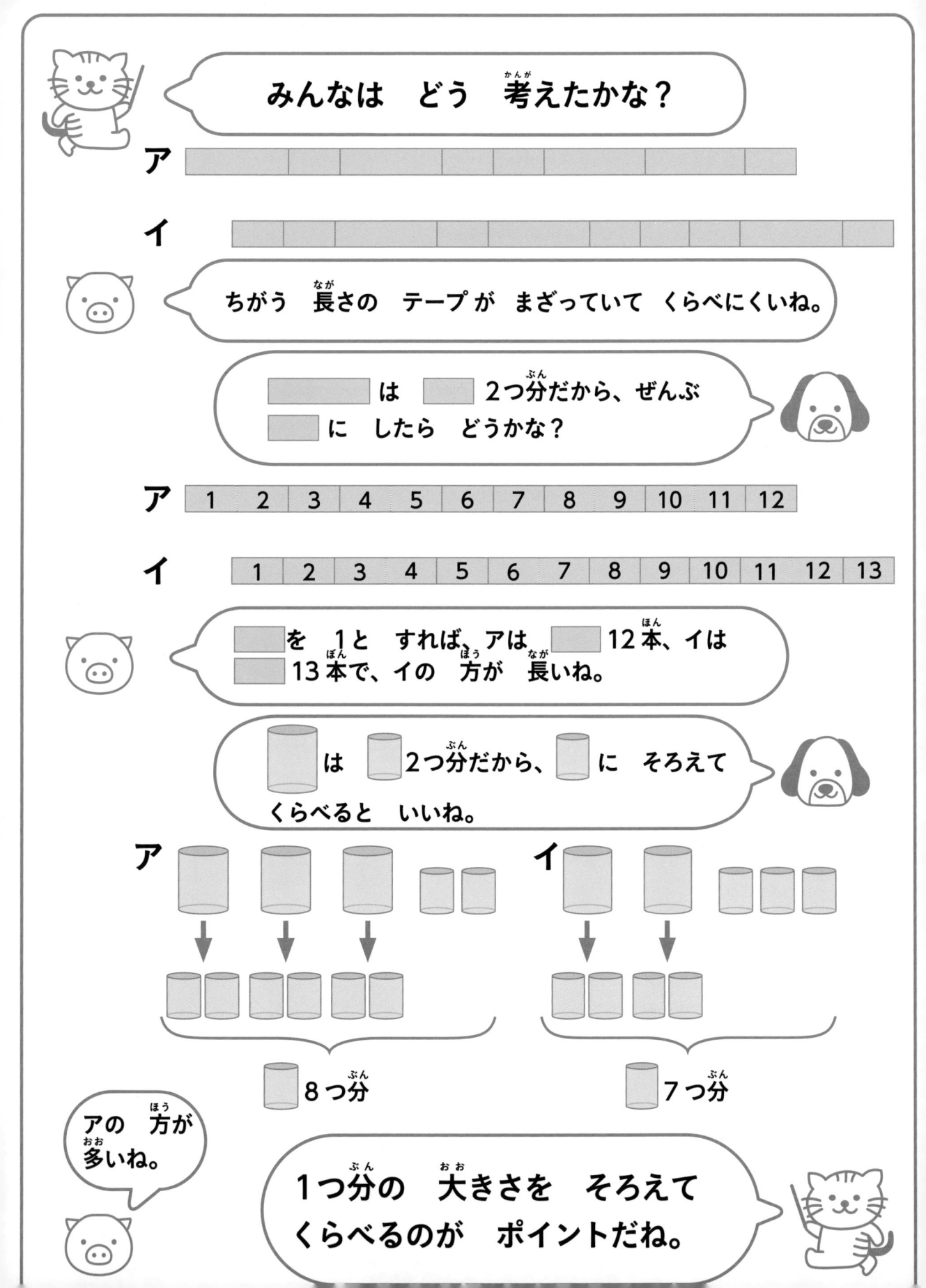

イ

ちがう 長さの テープが まざっていて くらべにくいね。

　は　　2つ分だから、ぜんぶ　　に したら どうかな?

ア | 1 | 2 | 3 | 4 | 5 | 6 | 7 | 8 | 9 | 10 | 11 | 12 |

イ | 1 | 2 | 3 | 4 | 5 | 6 | 7 | 8 | 9 | 10 | 11 | 12 | 13 |

　を 1と すれば、アは　　12本、イは　　13本で、イの 方が 長いね。

　は　　2つ分だから、　　に そろえて くらべると いいね。

ア　　　　　　　　　　　　　　イ

　8つ分　　　　　　　　　　　　7つ分

アの 方が 多いね。

1つ分の 大きさを そろえて くらべるのが ポイントだね。

やって みよう！

① 直線の 長さは どれだけかな？

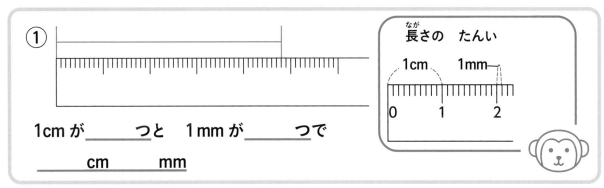

① 1cm が＿＿＿つと 1mm が＿＿＿つで

＿＿＿cm ＿＿＿mm

長さの たんい

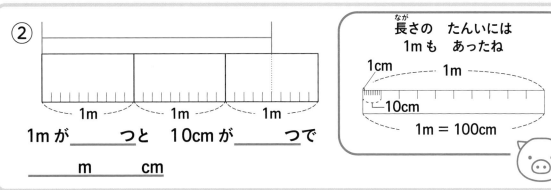

② 1m が＿＿＿つと 10cm が＿＿＿つで

＿＿＿m ＿＿＿cm

長さの たんいには
1m も あったね
1m = 100cm

② 水の かさは どれだけかな？

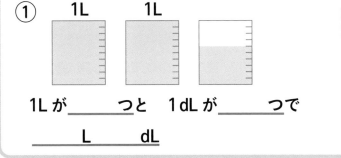

① 1L が＿＿＿つと 1dL が＿＿＿つで

＿＿＿L ＿＿＿dL

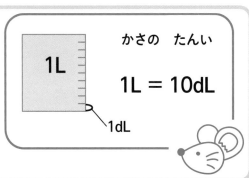

かさの たんい

1L = 10dL

1dL

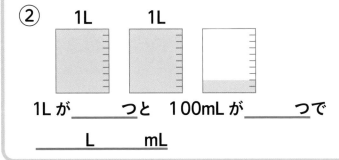

② 1L が＿＿＿つと 100mL が＿＿＿つで

＿＿＿L ＿＿＿mL

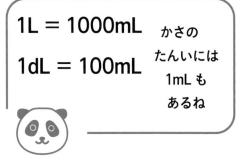

1L = 1000mL
1dL = 100mL

かさの
たんいには
1mL も
あるね

① 長さの たんいは どれを つかう？

[　　　] に mm cm m を 入れよう。

ア つくえの よこの 長さ　　　　イ ありの 体の 長さ

60 [　　　]　　　　　　　　　　　10 [　　　]

ウ 教室の たての 長さ　　　　　エ 家から 学校までの 道のり

9 [　　　]　　　　　　　　　　　300 [　　　]

② かさの たんいは どれを つかう？

[　　　] に mL dL L を 入れよう。

ア ペットボトルの ジュースの かさ　　イ やかんの 水の かさ

500 [　　　]　　　　　　　　　　　　　8 [　　　]

ウ コップに入る水のかさ　　　　　　　エ おふろに 入る 水の かさ

2 [　　　]　　　　　　　　　　　　　　300 [　　　]

③ たんいを そろえて 大きさくらべを しよう。
　大きい方に ○を つけよう。

ア 4L	60dL	イ 11dL	1300mL	ウ 3m	360cm
↓	↓	↓	↓	↓	↓
___dL	60dL	___mL	1300mL	___cm	360cm
(　　)	(　　)	(　　)	(　　)	(　　)	(　　)

長さ、かさ、時計の たし算は、数を そのまま
たしては いけない ことが あるよ。
なぜだか 分かるかな？

① **長さ**　　2 + 3 = ~~5~~　→　203

② **かさ**　　1 + 5 = ~~6~~　→　15

③ **時計**　　1 + 1 = ~~2~~　→　61

たんいを 思い出そう！

考えて みよう！

① 長さ	② かさ	③ 時計
2 + 3 = 203	1 + 5 = 15	1 + 1 = 61
と なる 理由	と なる 理由	と なる 理由

できたら
天才！

みんなは どう 考えたかな？

長さが 2＋3＝5 じゃなくて、2＋3＝203 って 何だろう？

2m＋3cmだ！ たんいが ちがうから たせないんだ。
だから 2m＝200cm にして たんいを そろえたんだ！

$$2m + 3cm = 200cm + 3cm = 203cm$$

そうすると、かさの 1＋5も たんいが ちがうんだね。だから たせないんだ。

1L＋5dL だ！ dL に たんいを そろえる ために、1L を 10dL に したんだ。

$$1L + 5dL = 10dL + 5dL = 15dL$$

時計は 1時間＋1分間だ。
1時間は 60分間だから……。

$$1時間＋1分間 = 60分間＋1分間 = 61分間$$

たんいを そろえる ことが ポイントだね。

やって みよう！

たんいを そろえて 計算しよう。

① 5cm + 4mm = _____cm_____mm

⬇ ⬆

_____mm + 4mm = _____mm

② 6m + 40cm = _____m_____cm

⬇ ⬆

_____cm + 40cm = _____cm

③ 8L + 7dL = _____L_____dL

⬇ ⬆

_____dL + 7dL = _____dL

④ 2時間 + 5分間 = _____時間_____分間

⬇ ⬆

_____分間 + 5分間 = _____分間

計算しよう。答えは　2通りの　たんいで　書こう。

> **れい**　5m40cm　+　4m70cm　=　1010cm　➡　10m10cm
> 　　　　(540) cm　　　(470) cm

① 8m20cm　−　4m60cm　=　___cm　➡　___m___cm
　　(　　) cm　　　(　　) cm

② 　5cm　　−　　2mm　　=　___mm　➡　___cm___mm
　　(　　) mm

③ 3L4dL　+　2L8dL　=　___dL　➡　___L___dL
　　(　　) dL　　　(　　) dL

④ 7L3dL　−　4L6dL　=　___dL　➡　___L___dL
　　(　　) dL　　　(　　) dL

⑤ 　2L　　−　300mL　=　___mL　➡　___L___mL
　　(　　　) mL

⑥ 2時間30分 + 1時間40分　=　___分間　➡　___時間___分間
　　(　　) 分間　　(　　) 分間

⑦ 3時間10分 − 1時間30分　=　___分間　➡　___時間___分間
　　(　　) 分間　　(　　) 分間

⑧ 5分間　−　5秒間　=　___秒間　➡　___分間___秒
　　(　　) 秒間

1〜6の　数字を　下の　2つの □□ の
どこかの　位に　入れて　3けたの数を　作り
大きさくらべを　するよ。
百の位、十の位、一の位の　どれか　1つしか
見る　ことが　できない　とき、どの位の　数を
見たら、大きさを　くらべられるかな？

百の位	十の位	一の位

百の位	十の位	一の位

どの位を　見たら、どちらの　数が
大きいと　分かるかな？

考えて　みよう！

_____ の位

理由 ....

できたら 天才！

....

....

みんなは どう 考えたかな？

1つの 位しか 見られないなら 大きさくらべは できないよ。
たとえば、一の位だけ 見たと して

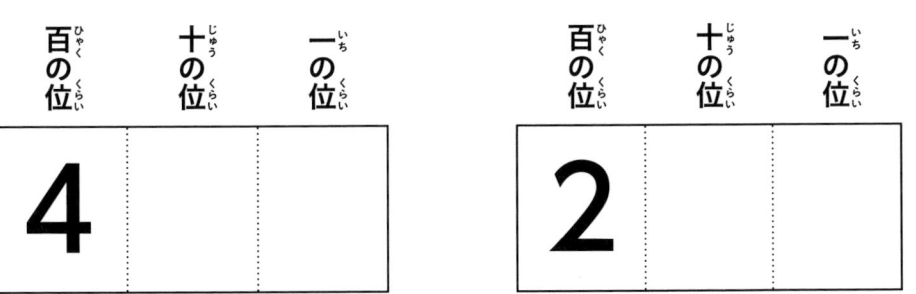

一の位は 右の方が 大きいけど、3けたの数と して
どちらが 大きいかは 分からない。

そうか！ それなら 百の位だけ 見れば いいんだよ。
たとえば、百の位が 4と 2だと するでしょ。

十の位、一の位が 何で あろうと、百の位が 大きい 左の
3けたの数の 方が 大きいと いえるよ！

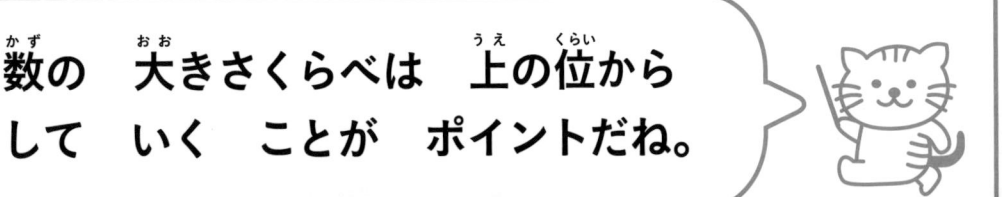

数の 大きさくらべは 上の位から
して いく ことが ポイントだね。

大きさくらべは 上の
位から して いたね。

どちらが 大きいかを くらべるよ。何の 位を
見たら どちらが 大きいかが きまるかな？
何の 位かを 書こう。また、大きい方に ○を
つけよう。

① 百の位 十の位 一の位
　 3 6 5 　　（　　）

　 百の位 十の位 一の位
　 4 2 7 　　（　　）　　___の位

② 百の位 十の位 一の位
　 8 4 9 　　（　　）

　 百の位 十の位 一の位
　 8 6 2 　　（　　）　　___の位

③ 百の位 十の位 一の位
　 4 6 3 　　（　　）

　 百の位 十の位 一の位
　 4 6 5 　　（　　）　　___の位

④ 千の位 百の位 十の位 一の位
　 6 3 4 8 　　（　　）

　 千の位 百の位 十の位 一の位
　 5 6 7 9 　　（　　）　　___の位

⑤ 千の位 百の位 十の位 一の位
　 7 0 8 3 　　（　　）

　 千の位 百の位 十の位 一の位
　 7 0 9 2 　　（　　）　　___の位

⑥ 千の位 百の位 十の位 一の位
　 9 7 6 5 　　（　　）

　 万の位 千の位 百の位 十の位 一の位
　 1 0 0 0 0 　　（　　）　　___の位

ちょうせんしよう！

＞＜は 数の 大 小を あらわす 記号だよ。
れい　6＞4　　5＜7
　　　大　小　　小　大

1　大きさくらべを するよ。□に ＞＜（不等号）を 入れよう。
また、どの数を 見て 大小を きめたかな？
その数に ○を しよう。

れい	538	＜	547	①	628		479
	204		206	③	2538		975
④	7842		7841	⑤	6731		7828
⑥	4374		4391	⑦	10000		8975

2　0 1 2 3 の 4まいの カードが あるよ。
この カードを ならべかえて、4けたの 数を 作るよ。
ただし、千の位には 0は つかえないよ。

① 大きい じゅんに 7つ、4けたの 数を 作って みよう。

→　　　→　　　→　　　→　　　→　　　→

② 小さい じゅんに 7つ、4けたの 数を 作って みよう。

→　　　→　　　→　　　→　　　→　　　→

③ 2000に 一番 近い 数を 作って みよう。

お年玉で、千円さつを　もらったよ。
いくら　もらったか　数えて　みよう。

位が　上がるのは、いくつ　あつまった
ときかな？

考えて　みよう！

＿＿＿＿＿円

理由

＿＿＿＿＿＿＿＿＿＿＿＿＿＿＿＿＿＿＿＿＿＿＿＿＿＿＿

できたら
天才！

＿＿＿＿＿＿＿＿＿＿＿＿＿＿＿＿＿＿＿＿＿＿＿＿＿＿＿

＿＿＿＿＿＿＿＿＿＿＿＿＿＿＿＿＿＿＿＿＿＿＿＿＿＿＿

みんなは　どう　考えたかな？

1　1000　2　1000　3　1000　4　1000　5　1000

6　1000　7　1000　8　1000　9　1000　10　1000

千円さつは　10まい　あるね。

1まいで　1千、2まいで　2千、3まいで　3千……8まいで　8千、9まいで　9千、10まいで　10千だ！

10千なんて　数　あったっけ？

10こ　あつまると　位が　上がるんじゃなかった？
10が　10こで　100みたいに。

そうだよ。1000も　10こ　あつまると　位が　上がるよ。

そうだよ、千の　つぎの　位は　万だ！
1000が　10こで　10000。
1万円だ！

10こ　あつまると　位が　上がる　ことが　ポイントだね。

やって　みよう！

1 おこづかいで　百円玉を　これだけ　ためたよ。

いくら　たまったかな？ □ に　数を　入れよう。

100 100 100 100 100 100 100 100 100 100

100 が □ こ　あつまったから、

位が　上がって □ 円。

2 いくつ分　あるかを　考えて　計算しよう。

① 200 ＋ 300 ＝ ＿＿＿＿＿

100 が＿＿こ ＋ 100 が＿＿こ ＝ 100 が＿＿＿こ

② 600 ＋ 400 ＝ ＿＿＿＿＿

100 が＿＿こ ＋ 100 が＿＿こ ＝ 100 が＿＿＿こ

③ 2000 ＋ 3000 ＝ ＿＿＿＿＿

1000 が＿＿こ ＋ 1000 が＿＿こ ＝ 1000 が＿＿＿こ

④ 6000 ＋ 4000 ＝ ＿＿＿＿＿

1000 が＿＿こ ＋ 1000 が＿＿こ ＝ 1000 が＿＿＿こ

1 つぎの 数を 書こう。

① 10 を 24 こ あつめた 数 ＿＿＿＿＿＿

② 100 を 12 こと 1 を 27 こ あつめた 数 ＿＿＿＿＿＿

③ 1000 を 10 こと 100 を 75 こ あつめた 数 ＿＿＿＿＿＿

④ 1000 を 9 こと 100 を 10 こ あつめた 数 ＿＿＿＿＿＿

2 いくつ分 あるかを 考えて 計算しよう。

① **340** ＋ **270** ＝ ＿＿＿＿＿＿

10 が＿＿こ ＋ 10 が＿＿こ ＝ 10 が＿＿こ

② **620** ＋ **380** ＝ ＿＿＿＿＿＿

10 が＿＿こ ＋ 10 が＿＿こ ＝ 10 が＿＿こ

③ **4200** ＋ **2500** ＝ ＿＿＿＿＿＿

100 が＿＿こ ＋ 100 が＿＿こ ＝ 100 が＿＿こ

④ **5500** ＋ **4500** ＝ ＿＿＿＿＿＿

100 が＿＿こ ＋ 100 が＿＿こ ＝ 100 が＿＿こ

12 三角形と四角形

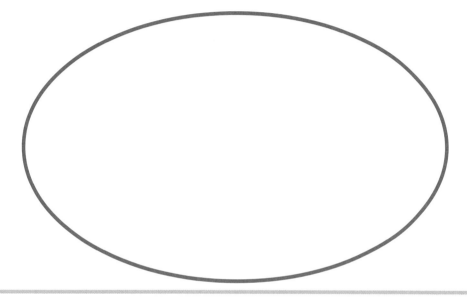

の 形を した 紙に 直線を ひいて 三角の 形を 切りとるよ。三角を 1つ 切りとるには、何本の 直線を ひけば いいかな?

考えて みよう!

_____本

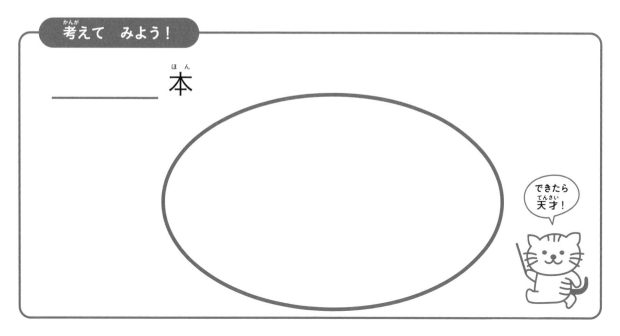

できたら 天才!

みんなは どう 考えたかな？

1本じゃ 三角は できない。

2本 ひいたら 三角が できたよ。

まがっている 線が あるから、ちゃんとした 三角じゃないよ。

ちゃんとした 三角を 切りとるには 3本の 直線が ひつようだ！

3本の 直線で かこまれた 形を 三角形と いうよ。

① の 形を した 紙を 直線で 切り分けて 四角形を 切りとるよ。四角形を 1つ 切りとるには 何本の 直線を ひけば いいかな？

_____本

② 下の 図の 中から、三角形、四角形を 1つずつ 見つけよう。

ア　　　　　　　イ　　　　　　　ウ

エ　　　　　　　オ　　　　　　　カ

三角形_____　　　四角形_____

① 下の 四角形に 直線を 2本 ひいて、つぎの 形に
切り分けよう。

ア 三角形3つ　　イ 三角形4つ　　ウ 四角形4つ

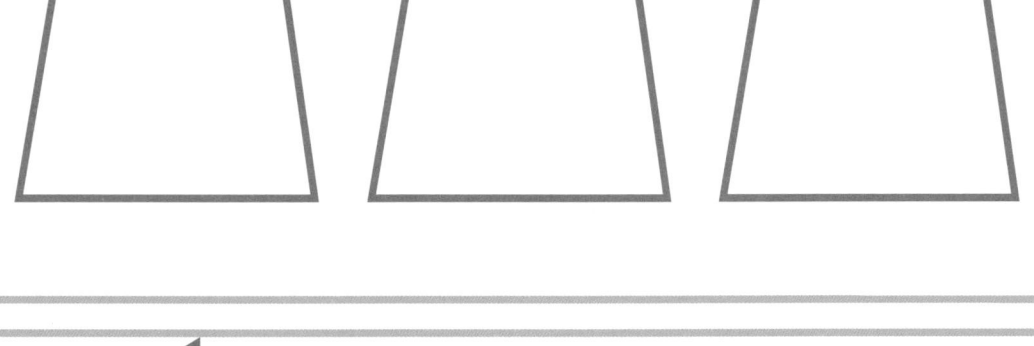

② 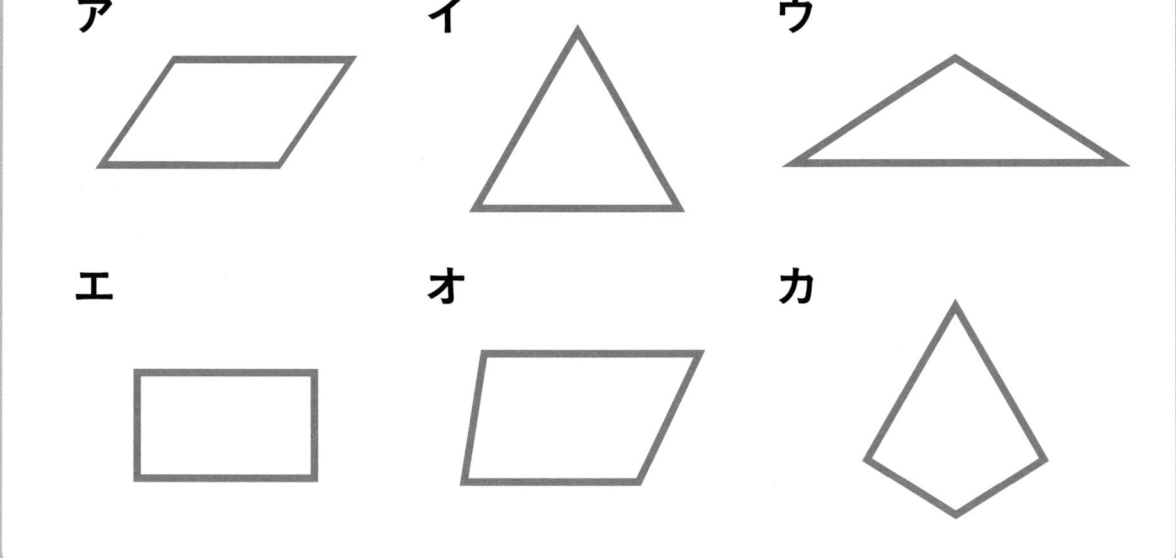 の 三角形を 2つ 組み合わせて できる

形を ぜんぶ えらんで 記号に ◯を つけよう。

ア　　　　　　　　イ　　　　　　　　ウ

エ　　　　　　　　オ　　　　　　　　カ

認 定 証

算数クイズ
8 〜 12

殿

あなたを
「この１冊で身につく！２年生の算数思考力」
算数クイズ８〜12修了と認定します。
ここにその努力をたたえ、
認定証を授与します。
これからも算数クイズ名人を目指し、
思考力を伸ばしましょう！

年　　　月　　　日

筑波大学附属小学校 大野 桂

一目　見ただけで　◯の　こ数が　分かるのは
どっちかな？
その理由も　考えよう。

①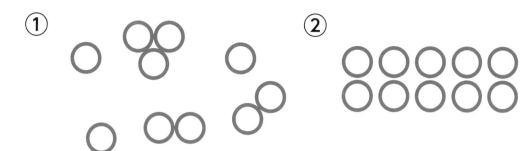

②

 数の　まとまりが　見えるかな？

考えて　みよう！

_____ の　方が　数えやすい。

理由 ....

できたら
天才！

....

....

みんなは　どう　考えたかな？

① は　まとまっている数が
バラバラで、見づらいし
数えにくいなあ。

1　3　1
1　2　2

②は　どれも　2つずつ
まとまっていて　見やすいね。

2　2　2　2　2

2が5こ
あるよ。

数え方は、
2　4　6　8　10
に　し　ろ　や　とお
で　かんたん！

たし算も

$$2 + 2 + 2 + 2 + 2 = 10$$

2が5こ

で　分かりやすい。

2が5こ　みたいに、同じ数の　まとまりが
あると　見やすくて　分かりやすいんだね。

同じ 数の ものが いくつ分 ある とき、ぜんぶの 数を もとめる 計算を かけ算と いうよ。

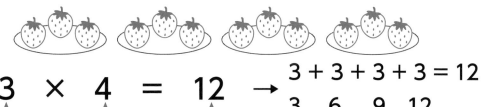

$$3 \times 4 = 12 \rightarrow$$

3 + 3 + 3 + 3 = 12

3　6　9　12
　+3　+3　+3

3（1つ分の 数）が 4（いくつ分）で 12（ぜんぶの 数）

かけ算に 見えるのは どちらかな？ 見える方に ◯を つけて かけ算で あらわそう。

①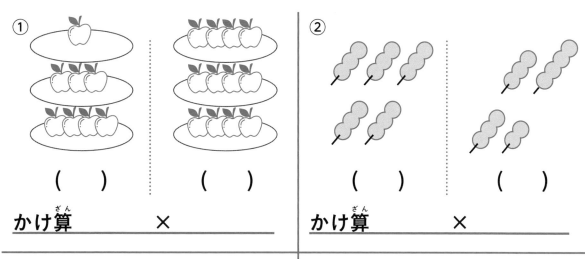

（　　）　（　　）

かけ算　　×＿＿＿＿＿＿

②

（　　）　（　　）

かけ算　　×＿＿＿＿＿＿

③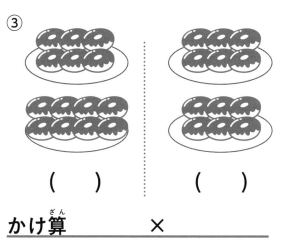

（　　）　（　　）

かけ算　　×＿＿＿＿＿＿

④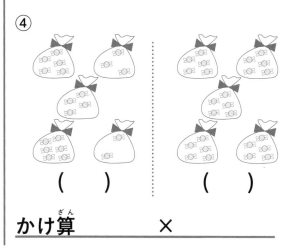

（　　）　（　　）

かけ算　　×＿＿＿＿＿＿

1 □の 数を もとめる かけ算の しきを 書こう。
また、たし算を つかって その答えを もとめよう。

れい

かけ算　$\boxed{3} \times \boxed{6} = \boxed{18}$

もとめ方 $\underline{3 + 3 + 3 + 3 + 3 + 3} = \boxed{18}$

①

かけ算　$\boxed{} \times \boxed{} = \boxed{}$

もとめ方 ＿＿＿＿＿＿＿＿ ＝ □

②

かけ算　$\boxed{} \times \boxed{} = \boxed{}$

もとめ方 ＿＿＿＿＿＿＿＿ ＝ □

③

かけ算　$\boxed{} \times \boxed{} = \boxed{}$

もとめ方 ＿＿＿＿＿＿＿＿ ＝ □

2 つぎの かけ算を □の 絵で あらわそう。

れい　2×5

①　8×3

②　7×4

③　4×3

●が シートの 下に たて よこ きれいに ならんで いるよ。
シートで かくれた ところが 見えないけれど、
●が いくつ あるか 分かるかな？

かけ算で 数える ことが できるかな？

考えて みよう！

●は _____ こ

数え方
....

でき たら 天才！

....

....

みんなは どう 考えたかな？

えっ、シートに かくれたままじゃ 分からないよ。

たてに 4こ、よこに 7こ あるのは 少し 見えているね。

●は きれいに ならんで いるから、 たてに 4この まとまりが 7れつ あるんじゃないかな。

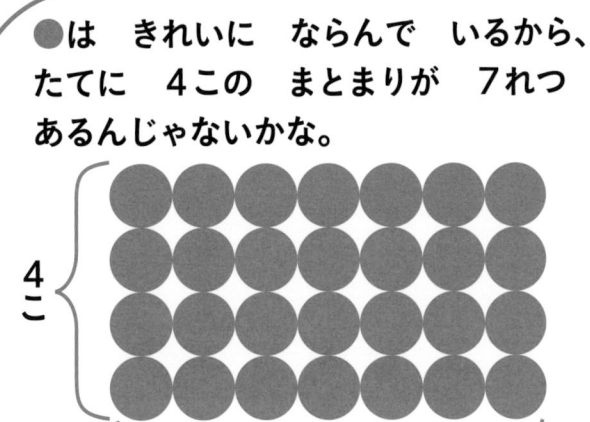

4こが 7れつだから

$4 \times 7 = 28$で

●は 28こ あるよ。

たての まとまりが よこに 何れつ あるか 見るのが ポイントだね。

57ページの もんだいのように、シートの 下に ● が きれいに
ならんで かくれて いるよ。●の数を もとめる かけ算を 書こう。
また、たし算を つかって その答えを もとめよう。

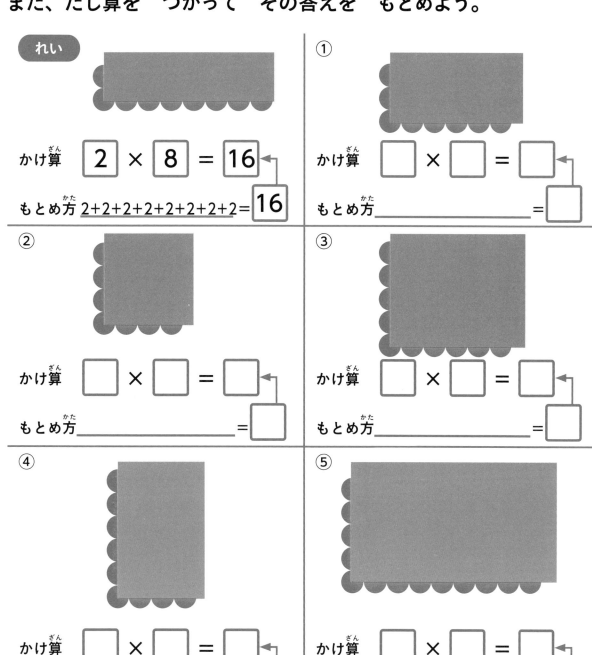

れい

かけ算　2 × 8 ＝ 16

もとめ方　2+2+2+2+2+2+2+2＝16

① かけ算　□ × □ ＝ □

もとめ方＿＿＿＿＿＿＝□

② かけ算　□ × □ ＝ □

もとめ方＿＿＿＿＿＿＝□

③ かけ算　□ × □ ＝ □

もとめ方＿＿＿＿＿＿＝□

④ かけ算　□ × □ ＝ □

もとめ方＿＿＿＿＿＿＝□

⑤ かけ算　□ × □ ＝ □

もとめ方＿＿＿＿＿＿＝□

●の　数は　2通りの　かけ算で　もとめられるよ。

$$3 \times 4 = 12 こ$$
$$3 + 3 + 3 + 3 = 12 こ$$

$$4 \times 3 = 12 こ$$
$$4 + 4 + 4 = 12 こ$$

上の　ように　●の　数を　2通りの　かけ算で　あらわそう。
また、たし算を　つかって　その答えを　もとめよう。

①

$\square \times \square = \square$
$= \square$
_____

$\square \times \square = \square$
$= \square$
_____

②

$\square \times \square = \square$
$= \square$
_____

$\square \times \square = \square$
$= \square$
_____

③

$\square \times \square = \square$
$= \square$
_____

$\square \times \square = \square$
$= \square$
_____

15 かけ算を作ろう

2のだんの　九九と、3のだんの　九九の
答えを　ならべて　みたよ。
おもしろいことに　気づかないかな？

2のだん | 2 | 4 | 6 | 8 | 10 | 12 | 14 | 16 | 18 |

3のだん | 3 | 6 | 9 | 12 | 15 | 18 | 21 | 24 | 27 |

2のだんと、3のだんの　答えを
たして　みたら　何か　気づくかな。

考えて　みよう！

気づいた　こと

....

....

....

....

....

できたら
天才！

みんなは　どう　考えたかな？

おもしろいことって　いわれても、2のだんと　3のだんが　ならんでいるだけだよ。

2のだんと　3のだんを　まとめてみたら……。

2のだん	2	4	6	8
3のだん	3	6	9	12

たしたら、5ずつ　ふえた　数に　なっている！

2のだん	2	4	6	8	10	12	14	16	18
	+	+	+	+	+	+	+	+	+
3のだん	3	6	9	12	15	18	21	24	27
	=	=	=	=	=	=	=	=	=
5のだん	5	10	15	20	25	30	35	40	45

2のだんと　3のだんの　答えを　たすと、5のだんの　九九に　なるんだ！　おもしろい！

○のだん ＋ □のだん ＝ ○＋□のだん に　なるんだね。

やって みよう！

① つぎの 2つの だんの かけ算を たすと 何の だんの
かけ算が できるかな？

3 のだん	3	6	9	12	15	18	21	24	27
	3×1	3×2	3×3	3×4	3×5	3×6	3×7	3×8	3×9

たす ＋ ＋ ＋ ＋ ＋ ＋ ＋ ＋ ＋

4 のだん	4	8	12	16	20	24	28	32	36
	4×1	4×2	4×3	4×4	4×5	4×6	4×7	4×8	4×9

‖ ‖ ‖ ‖ ‖ ‖ ‖ ‖ ‖

___のだん									
	__×1	__×2	__×3	__×4	__×5	__×6	__×7	__×8	__×9

② つぎの 2つの だんの かけ算を ひくと 何の だんの
かけ算が できるかな？

8 のだん	8	16	24	32	40	48	56	64	72
	8×1	8×2	8×3	8×4	8×5	8×6	8×7	8×8	8×9

ひく － － － － － － － － －

2 のだん	2	4	6	8	10	12	14	16	18
	2×1	2×2	2×3	2×4	2×5	2×6	2×7	2×8	2×9

‖ ‖ ‖ ‖ ‖ ‖ ‖ ‖ ‖

___のだん									
	__×1	__×2	__×3	__×4	__×5	__×6	__×7	__×8	__×9

ちょうせんしよう！

1 何の だんが 作れるかな。

① 2のだん ＋ 5のだん ＝ _____ のだん　　② 6のだん ＋ 3のだん ＝ _____ のだん

③ 9のだん － 3のだん ＝ _____ のだん　　④ 1のだん ＋ 5のだん ＝ _____ のだん

⑤ 4のだん ＋ _____ のだん ＝ 8のだん　　⑥ _____ のだん － 7のだん ＝ 2のだん

2 たしたり ひいたりして かけ算を 作ろう。

れい　2 × 3 ＋ 4 × 3 ＝ 6 × 3

（2が3こ ＋ 4が3こ ＝ <u>6</u> が <u>3</u> こ）

2 × 3　4 × 3　　6 × 3

＋ ＝

2が3こと 4が3こを 合わせると
6が3こに なるね！

① 4 × 5 ＋ 2 × 5 ＝ _____ × _____

＋ ＝

4が5こ分＋2が5こ分＝ _____ が _____ こ分

② 2 × 4 ＋ 5 × 4 ＝ _____ × _____

＋ ＝

2が4こ分＋5が4こ分＝ _____ が _____ こ分

③ 4 × 5 － 2 × 5 ＝ _____ × _____

4が5こ分－2が5こ分＝ _____ が _____ こ分

④ 9 × 3 － 6 × 3 ＝ _____ × _____

9が3こ分－6が3こ分＝ _____ が _____ こ分

16 まとまりを 見つけよう！

○は いくつ あるかな？

① ② ③

かけ算を つかって 数えられるかな？

考えて みよう！

① _____ こ

② _____ こ

③ _____ こ

数え方 ....

数え方 ....

数え方 ....

....

.... できたら 天才！

....

....

みんなは どう 考えたかな？

まとまりを 見つけたら かけ算が つかえて、かんたんに 数えられるよ。

① は 9が 3つ あるよ。
だから 9×3＝27で 27こだ！

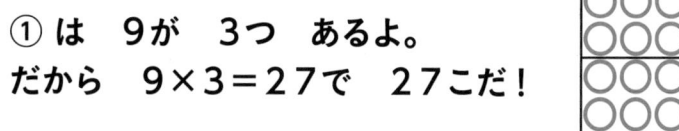

②は 4が 6つで
4×6＝24（こ）だ！

ぼくは ②は
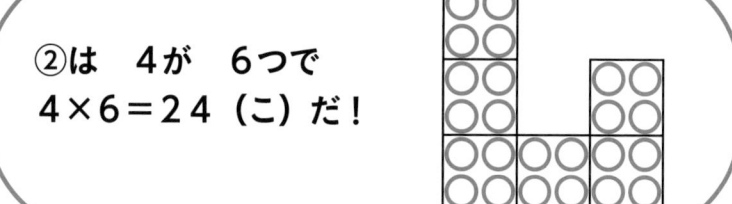 を うごかして
4×6に したんだ！

③ は まとまりが
見えないなあ。

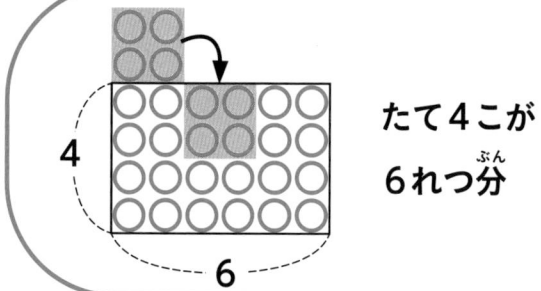

たて4こが
6れつ分

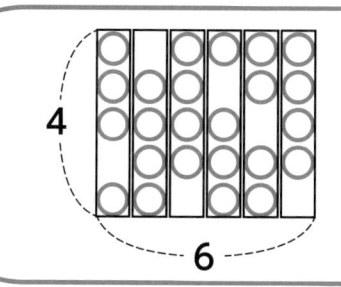

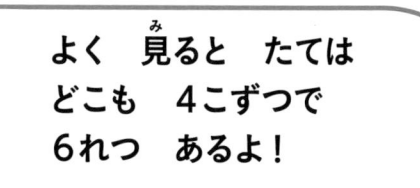

よく 見ると たては
どこも 4こずつで
6れつ あるよ！

4×6＝24で 24こ

まとまりを 見つけること、うごかして まとまりを
作ることが、数えやすく する ポイントだね！

やって みよう！

どうぶつが　かけ算、たし算、ひき算を
使って　●の　数を　くふうして　数えたよ。
しきを　見て、それぞれ　どの図で　考えたか
分かるかな？　線で　むすぼう。

$6 \times 3 = 18$　●

●　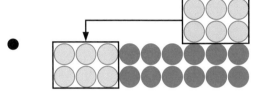

$2 \times 9 = 18$　●

●　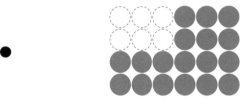

$2 \times 3 = 6$
$4 \times 3 = 12$
$6 + 12 = 18$
●

●　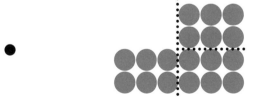

$4 \times 6 = 24$
$2 \times 3 = 6$
$24 - 6 = 18$
●

●　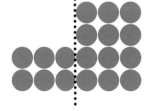

1 ●の 数は どうやって 数えたかな？ 図を 見て
もとめ方を 考えよう。

れい

もとめ方

$4 \times 5 = 20$

答え　　20 こ

①

もとめ方

答え　　　　こ

②

もとめ方

答え　　　　こ

③

もとめ方

答え　　　　こ

2 ●の 数は どうやって もとめたかな？ もとめ方を
見て、図に そのもとめ方を 書こう。

れい

もとめ方

$4 \times 5 = 20$

①

もとめ方

$3 \times 8 = 24$

②

もとめ方

$4 \times 4 = 16$

③

もとめ方

$3 \times 3 = 9$
$2 \times 2 = 4$
$9 + 4 = 13$

17 九九パズル

0、1、2、3、4、5、6、7、8、9の　10 この
数が　あるよ。
この中から　2つの　数字を　組み合わせて、
九九の　答えになる　2けたの　数を　作るよ。
10 この　数を　ぜんぶ　つかって、答えを　5つ
作れるかな？

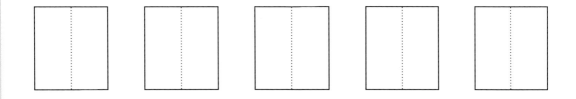

0〜9の　中には、九九の　答えに
あまり　出てこない　数字が　あるね。

考えて みよう！

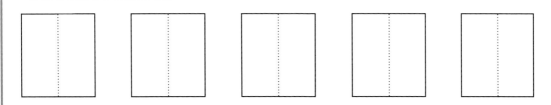

見つけ方

できたら
天才！

みんなは どう 考えたかな？

とにかく やってみよう！

~~0~~ ~~1~~ ~~2~~ ~~3~~ ~~4~~ ~~5~~ ~~6~~ (7) ~~8~~ (9)

| 2 | 4 |
4×6

| 8 | 1 |
9×9

| 3 | 0 |
5×6

| 5 | 6 |
7×8

のこった 7と9は 組み合わせても かけ算九九の 答えには ない。

そういえば、7と9って かけ算九九の 2けたの
答えに あまり つかわれてないよね。

7が つかわれるのは
| 2 | 7 | | 7 | 2 | だけだよ
3×9   8×9

ということは、
7は 2としか
組み合わせられない。

9が つかわれるのは
| 4 | 9 | だけだよ
7×7

ということは、
9は 4としか
組み合わせられないよ。

0 1 ~~2~~ 3 ~~4~~ 5 6 ~~7~~ 8 ~~9~~

| 2 | 7 |

| 4 | 9 |

| 1 | 8 |
2×9

| 3 | 0 |
5×6

| 5 | 6 |
7×8

これは けってい

できた！

かけ算九九の 答えには あまり
つかわれない 数が あるんだね。

やって みよう！

かけ算九九ひょうを 見て もんだいに 答えよう。

	1	2	3	4	5	6	7	8	9
1	1	2	3	4	5	6	7	8	9
2	2	4	6	8	10	12	14	16	18
3	3	6	9	12	15	18	21	24	27
4	4	8	12	16	20	24	28	32	36
5	5	10	15	20	25	30	35	40	45
6	6	12	18	24	30	36	42	48	54
7	7	14	21	28	35	42	49	56	63
8	8	16	24	32	40	48	56	64	72
9	9	18	27	36	45	54	63	72	81

① 答えが 1つしか ない 九九は どれかな。

　九九ひょうの 答えに ◎を つけよう。

② 答えが 3つ ある 九九は どれかな?

　九九ひょうの 答えに △を つけよう。

③ 答えが 4つ ある 九九は どれかな?

　九九ひょうの 答えに □を つけよう。

① 1～99の 数の 中で、かけ算九九の 答えが
1つしか ない ものには ◎、2つ ある ものには ○、
3つ ある ものには △、4つ ある ものには □、
1つも ない ものには ✖ を つけよう。

	1	2	3	4	5	6	7	8	9
10	11	12	13	14	15	16	17	18	19
20	21	22	23	24	25	26	27	28	29
30	31	32	33	34	35	36	37	38	39
40	41	42	43	44	45	46	47	48	49
50	51	52	53	54	55	56	57	58	59
60	61	62	63	64	65	66	67	68	69
70	71	72	73	74	75	76	77	78	79
80	81	82	83	84	85	86	87	88	89
90	91	92	93	94	95	96	97	98	99

② かけ算九九ひょうを、×10、×11、×12まで 広げたよ。
ひょうを 見て ㋐～㋒に 入る 数を □に 書こう。

×	1	2	3	4	5	6	7	8	9
10	10	20	30	40	50	60	70	80	90
11	11	22	㋐	44	55	66	77	88	99
12	12	24	36	48	㋑	72	㋒	96	108

㋐ 3のだんは 3ずつ 大きくなるから 30に 3を たして □

㋑ 5×12は 5×10＋5×2で もとめられて □

㋒ 7×12は 7×___＋7×2で もとめられて □

①と ②の お話を あらわす テープの 図は、それぞれ アと イの どちらかな？

① くまさんは 32まいの おり紙を もっているよ。そのうち 18まいを きつねさんに あげたら、くまさんが もっている のこりは 何まいに なるかな？

② くまさんは 32まいの おり紙を、きつねさんは 18まいの おり紙を もっているよ。どちらが どれだけ 多く もっているかな？

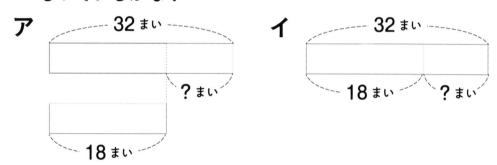

ア 32まい ？まい 18まい

イ 32まい 18まい ？まい

のこりの 数と、ちがいの 数を あらわす テープの 図だね。

考えて みよう！

① ＿＿＿＿＿＿＿ ② ＿＿＿＿＿＿＿

できたら 天才！

理由

みんなは どう 考えたかな？

① は のこりを きいて いるんだね。

のこりを あらわす
テープの 図は イだよ。

ぜんぶで 32まい、
あげたのが 18まい、
のこりが ？まいだね。

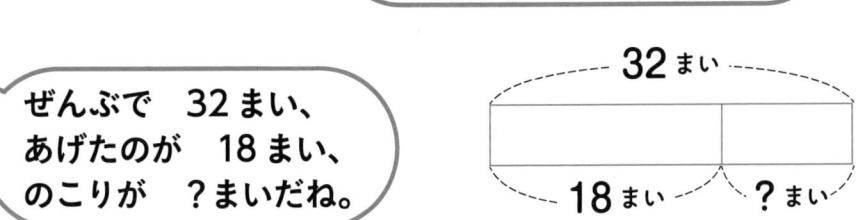

② は ちがいを きいて いるんだね。

ちがいを あらわす
テープの 図は アだよ。

上の テープが
くまさんで 32まい、
下の テープが
きつねさんで 18まい、
ちがいが ？まいだね。

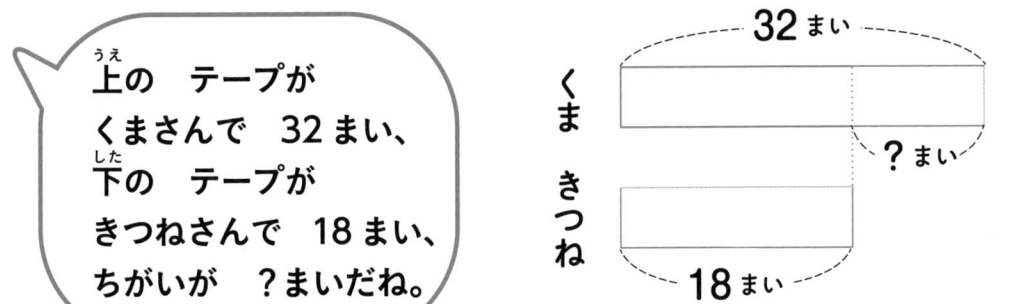

テープに あらわすと お話の しくみが
よく 分かるね。

次の もんだいを とく ために あらわした テープの
図は どれかな？ えらんで ◯を つけよう。

① 白い 紙が 18まい あるよ。白い 紙は 黒い
紙より 6まい 少ない。黒い 紙は 何まいかな？

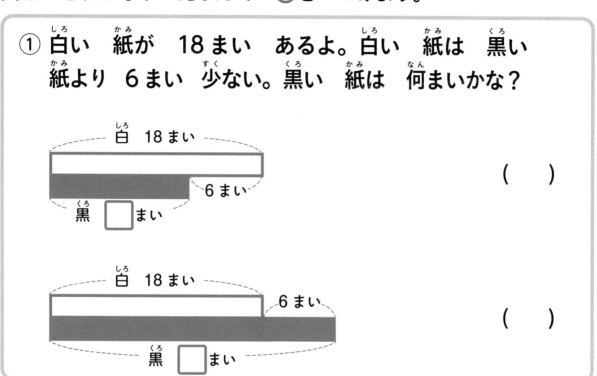

② 白い 紙を 何まいか もって いるよ。6まい
つかったら、のこりは 18まいに なった。はじめに
何まい もって いたかな？

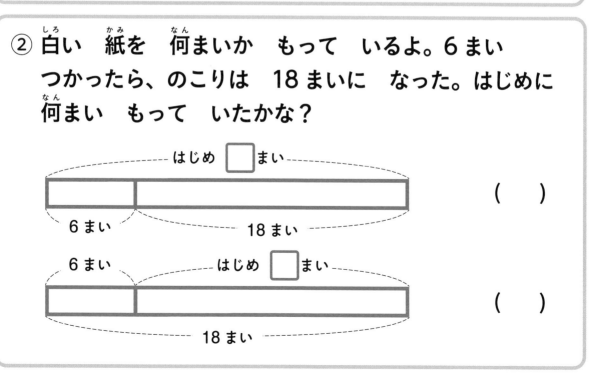

テープの　図に　あらわして　もんだいを　とこう！

① たろうくんは　花子さんに　おり紙を　26まい　あげました。
おり紙は　まだ　43まい　のこっています。たろうくんは
はじめに　おり紙を　何まい　もって　いたかな？

> テープの　図

しき _____　答え _____ まい

② クッキーを　1まいずつ　ふくろに　入れます。ふくろは
19まい　あり、クッキーを　ぜんぶ　入れるには
12まい　たりません。クッキーは　何まい　あるかな？

> テープの　図

しき _____　答え _____ まい

カステラを $\frac{1}{4}$ ずつに なるように 切り分けるよ。
どんな 切り分け方が あるかな？

4等分するよ。大きさが 同じに
なるように 切り分けよう。

考えて みよう！

カステラを上から見た図だよ

できたら
天才！

みんなは　どう　考えたかな？

かんたんだよ。4つに　分ければ　いいんだから。

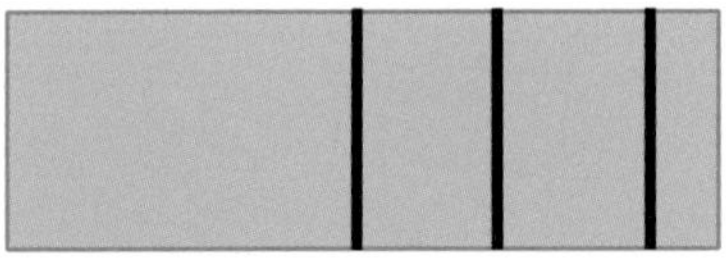

それは　だめ。大きさが　ちがって、ふこうへいだよ。

大きさを　同じに　すれば　いいんだね。

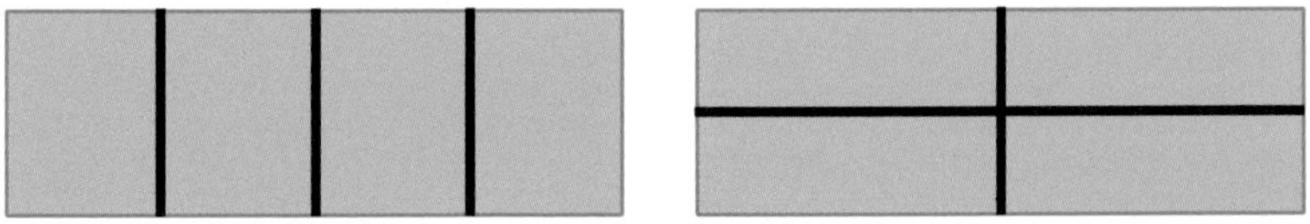

これは　どうかな？

形は　ちがうけど、
大きさは
同じかな？

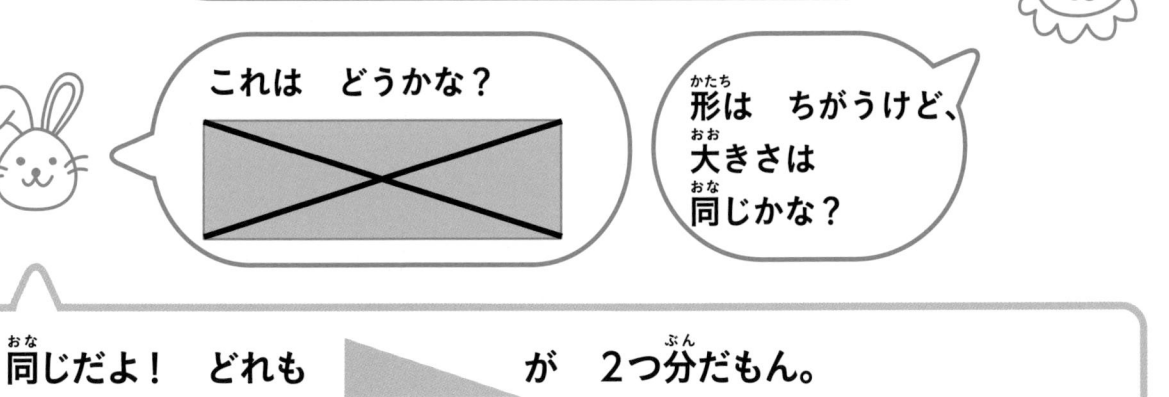

同じだよ！　どれも　　　　　　が　2つ分だもん。

形が　ちがっても、大きさが　同じなら、
$\frac{1}{4}$と　いって　いいんだね。

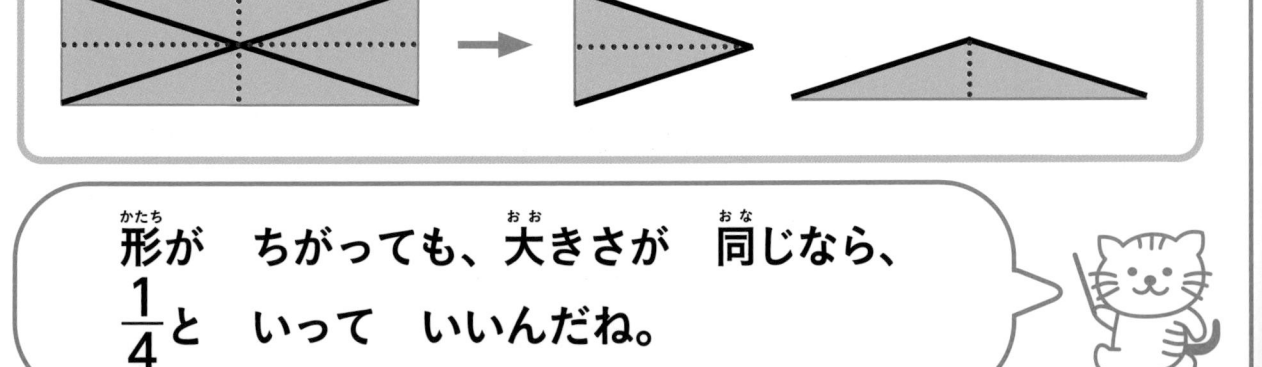

やって みよう！

① 正方形の 大きさの $\frac{1}{4}$に 色が
ぬられて いる ものに ○を つけよう。

ア
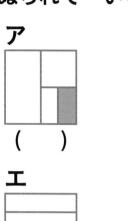
（　　）

イ
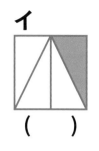
（　　）

ウ
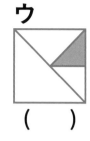
（　　）

エ
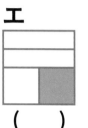
（　　）

オ
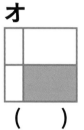
（　　）

カ
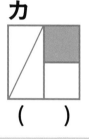
（　　）

形が
ちがっても
大きさが
$\frac{1}{4}$なら
よかったね。

② 元の 形の 大きさが $\frac{1}{8}$ずつに 分けられて いない
ものに ○を つけよう。

ア
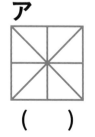
（　　）

イ

（　　）

ウ
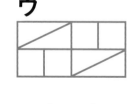
（　　）

エ
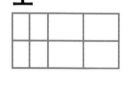
（　　）

オ

（　　）

カ

（　　）

キ

（　　）

ク

（　　）

ちょうせんしよう！

1 元(もと)の 形(かたち)の 大(おお)きさの $\frac{1}{3}$ずつに なるように、線(せん)で 分(わ)けて みよう。

2 下(した)に ある ものの 量(りょう)を $\frac{1}{4}$ずつに 分(わ)けるよ。
1つ分(ぶん)の 大(おお)きさは いくつに なるかな？

①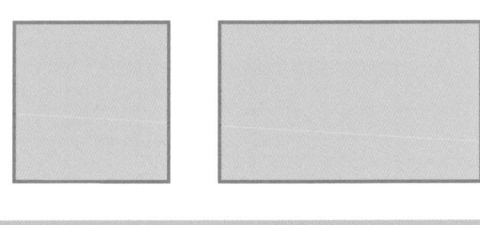

8つの あめ

1つ分(ぶん)＿＿＿＿＿こ

② 12cm の リボン

1つ分(ぶん)＿＿＿＿＿cm

3 下(した)に ある ものの 量(りょう)を $\frac{1}{3}$ずつに 分(わ)けるよ。
1つ分(ぶん)の 大(おお)きさは いくつに なるかな？

① 15 この ボール

1つ分(ぶん)＿＿＿＿＿こ

② 12dL の ジュース

1つ分(ぶん)＿＿＿＿＿dL

はこを 作るよ。
どちらも 四角い 紙が たりないよ。
どの四角い 紙が いくつ たりないかな？

①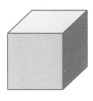

②

①と ②の はこには、正方形、長方形が、
それぞれ 何まい つかわれているかな？

考えて みよう！

①

 が＿＿＿まい
たりない

理由 ....

②

▭ が＿＿＿まい
▬ が＿＿＿まい
▭ が＿＿＿まい たりない

理由 ....

できたら
天才！

....

....

みんなは どう 考えたかな？

まずは はこの 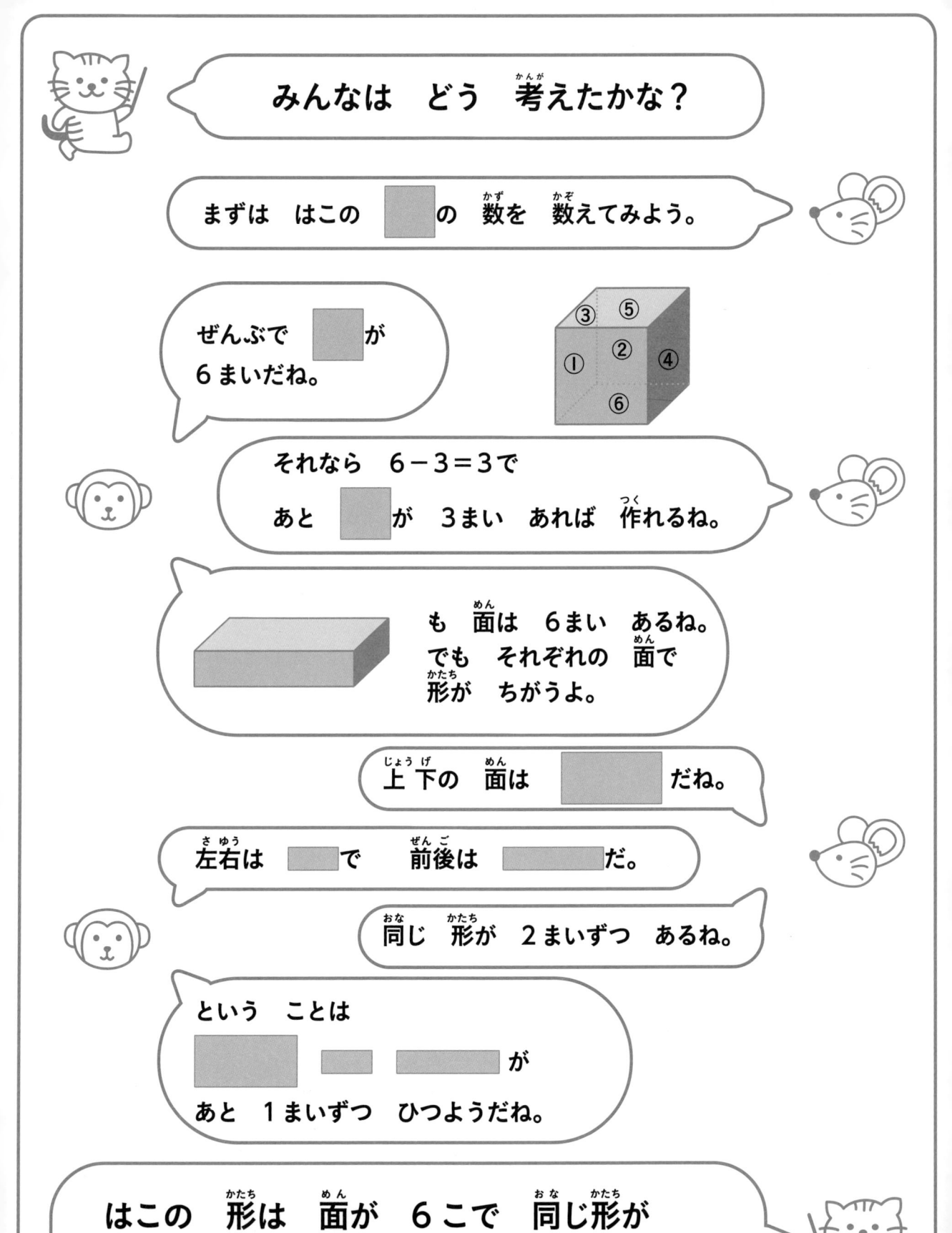 の 数を 数えてみよう。

ぜんぶで が 6 まいだね。

③ ⑤ ① ② ④ ⑥

それなら 6−3＝3で あと が 3まい あれば 作れるね。

も 面は 6まい あるね。 でも それぞれの 面で 形が ちがうよ。

上下の 面は だね。

左右は で 前後は だ。

同じ 形が 2まいずつ あるね。

という ことは が あと 1まいずつ ひつようだね。

はこの 形は 面が 6こで 同じ形が 2こずつ あるんだね。

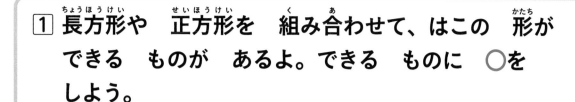

やって みよう！

---

① 長方形や 正方形を 組み合わせて、はこの 形が
できる ものが あるよ。できる ものに ○を
しよう。

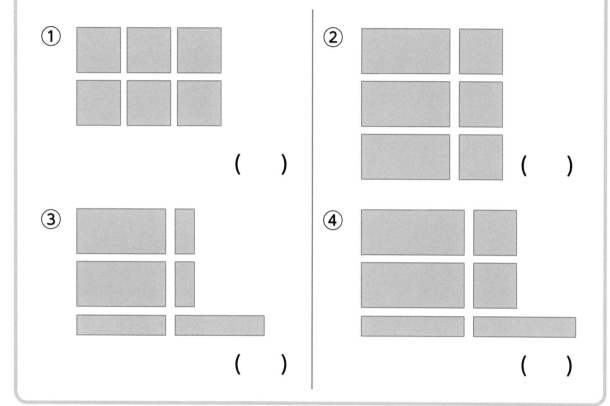

① 　　　　　　　　　　　　②

（　　）　　　　　　　　　　　　（　　）

③ 　　　　　　　　　　　　④

（　　）　　　　　　　　　　　　（　　）

---

② 下のように、ひごと ねんど玉を つかって、はこの
形を 作るよ。それぞれ いくつ ひつようかな？

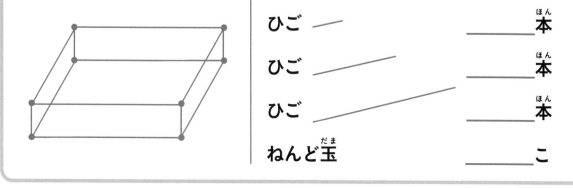

ひご ——— ＿＿＿本

ひご ——— ＿＿＿本

ひご ——— ＿＿＿本

ねんど玉 ＿＿＿こ

① 四角が つながって いる 辺で おると はこの 形に なるのは どれかな？ できる ものに ○を しよう。

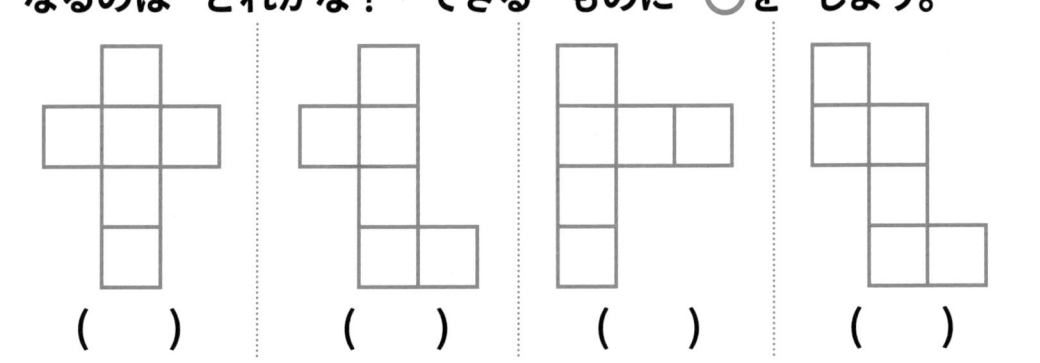

( )　　( )　　( )　　( )

② 左の はこの 形が できるのは どちらかな？ えらんで ○を つけよう。

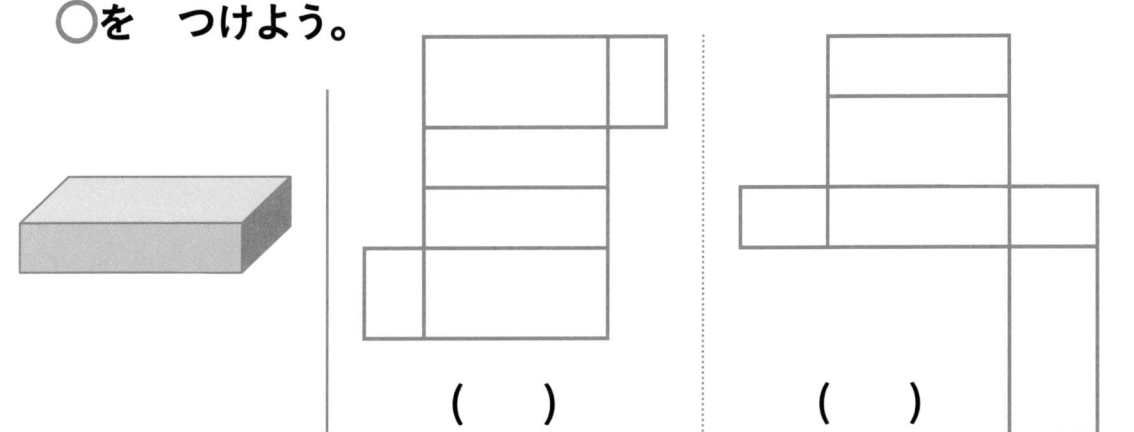

( )　　　　( )

③ 下の 形は おりたたむと サイコロの 形が できるよ。 サイコロの むかい合った 面が 同じ マークに なるように □に ○△×の マークを かこう。

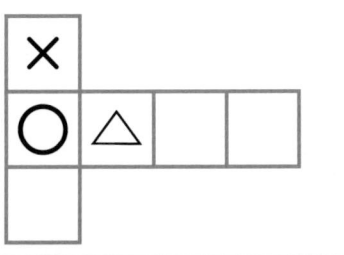

認定証

算数クイズ
13 〜 20

　　　　　　　　　　　　　　　殿

_____

あなたを
「この１冊で身につく！２年生の算数思考力」
算数クイズ13〜20修了と認定します。
ここにその努力をたたえ、
認定証を授与します。
これからも算数クイズ名人を目指し、
思考力を伸ばしましょう！

年　　　　月　　　　日

筑波大学附属小学校　大野 桂

答え

1 グラフにしよう

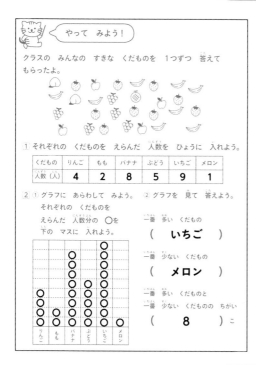

やって みよう!

クラスの みんなの すきな くだものを 1つずつ 答えて もらったよ。

① それぞれの くだものを えらんだ 人数を ひょうに 入れよう。

くだもの	りんご	もも	バナナ	ぶどう	いちご	メロン
人数(人)	4	2	8	5	9	1

② ① グラフに あらわして みよう。
それぞれの くだものを えらんだ 人数分の ○を 下の マスに 入れよう。

② グラフを 見て 答えよう。
一番 多い くだもの
(いちご)

一番 少ない くだもの
(メロン)

一番 多い くだものと
一番 少ない くだものの ちがい
(8)こ

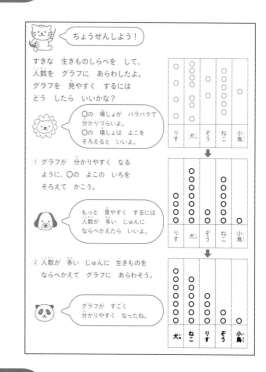

ちょうせんしよう!

すきな 生きものしらべを して、人数を グラフに あらわしたよ。グラフを 見やすく するには どう したら いいかな?

○の 場しょが バラバラで 分かりづらいよ。○の 場しょは よこを そろえると いいよ。

① グラフが 分かりやすく なる ように、○の よこの いちを そろえて かこう。

もっと 見やすく するには 人数が 多い じゅんに ならべかえたら いいよ。

② 人数が 多い じゅんに 生きものを ならべかえて グラフに あらわそう。

グラフが すごく 分かりやすく なったね。

2 きりよくしてたす

やって みよう!

「いくつ + 何十」と なるように □に 1けたの数を 入れて 3つの 数の たし算を しよう。

れい
$23 + \boxed{2} + 18$ ➡ $\underline{23 + 20 = 43}$
(いくつ) + (何十)
20

① $47 + \boxed{2} + 38$ ➡ $\underline{47 + 40 = 87}$

② $36 + \boxed{3} + 27$ ➡ $\underline{36 + 30 = 66}$

③ $57 + \boxed{6} + 24$ ➡ $\underline{57 + 30 = 87}$

④ $18 + \boxed{6} + 74$ ➡ $\underline{18 + 80 = 98}$

⑤ $25 + \boxed{3} + 67$ ➡ $\underline{25 + 70 = 95}$

⑥ $66 + \boxed{4} + 36$ ➡ $\underline{66 + 40 = 106}$

ちょうせんしよう!

たされる数から たす数に いくつか 数を あげて たす数を 「何十」に して たし算を するよ。

れい
$25 + 18$ = $\underline{23 + 20 = 43}$
(いくつ) + (何十)
$\boxed{2}$あげる

① $44 + 38$ = $\underline{42 + 40 = 82}$
$\boxed{2}$あげる

② $38 + 27$ = $\underline{35 + 30 = 65}$
$\boxed{3}$あげる

③ $57 + 26$ = $\underline{53 + 30 = 83}$
$\boxed{4}$あげる

④ $18 + 75$ = $\underline{13 + 80 = 93}$
$\boxed{5}$あげる

⑤ $66 + 39$ = $\underline{65 + 40 = 105}$
$\boxed{1}$あげる

3 たし算の きまりを つかおう

やって みよう！

たし算の きまりを つかって「いくつ ＋ 何十」の たし算に かえて 計算しよう。

れい

$47 + 38 = \boxed{85}$
$-2 \downarrow \quad \downarrow +2 \quad \uparrow$
$45 + 40 = 85$

① $27 + 16 = \boxed{43}$
$-4 \downarrow \quad \downarrow +4 \quad \uparrow$
$23 + 20 = 43$

② $34 + 27 = \boxed{61}$
$-3 \downarrow \quad \downarrow +3 \quad \uparrow$
$31 + 30 = 61$

③ $56 + 46 = \boxed{102}$
$-4 \downarrow \quad \downarrow +4 \quad \uparrow$
$52 + 50 = 102$

④ $42 + 59 = \boxed{101}$
$-1 \downarrow \quad \downarrow +1 \quad \uparrow$
$41 + 60 = 101$

⑤ $78 + 25 = \boxed{103}$
$-5 \downarrow \quad \downarrow +5 \quad \uparrow$
$73 + 30 = 103$

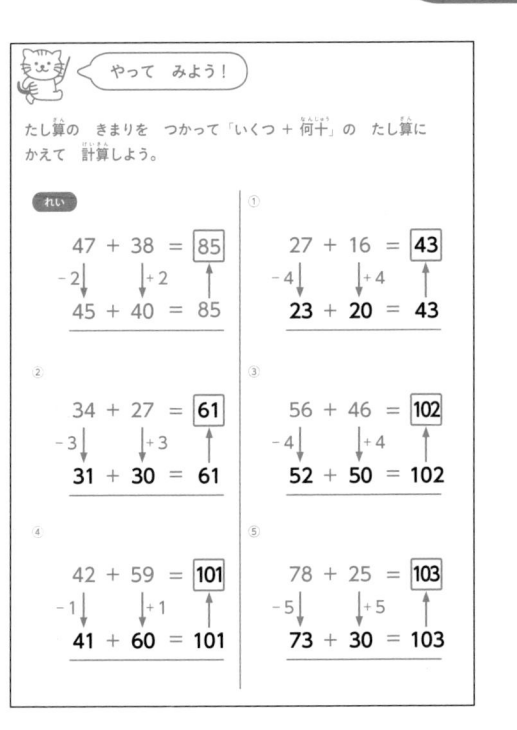

ちょうせんしよう！

たし算の きまりを つかって「何十 ＋ いくつ」の たし算に かえて 計算しよう。

れい

$47 + 38 = \boxed{85}$
$+3 \downarrow \quad \downarrow -3 \quad \uparrow$
$50 + 35 = 85$

① $18 + 27 = \boxed{45}$
$+2 \downarrow \quad \downarrow -2 \quad \uparrow$
$20 + 25 = 45$

② $27 + 46 = \boxed{73}$
$+3 \downarrow \quad \downarrow -3 \quad \uparrow$
$30 + 43 = 73$

③ $36 + 58 = \boxed{94}$
$+4 \downarrow \quad \downarrow -4 \quad \uparrow$
$40 + 54 = 94$

④ $65 + 37 = \boxed{102}$
$+5 \downarrow \quad \downarrow -5 \quad \uparrow$
$70 + 32 = 102$

⑤ $79 + 17 = \boxed{96}$
$+1 \downarrow \quad \downarrow -1 \quad \uparrow$
$80 + 16 = 96$

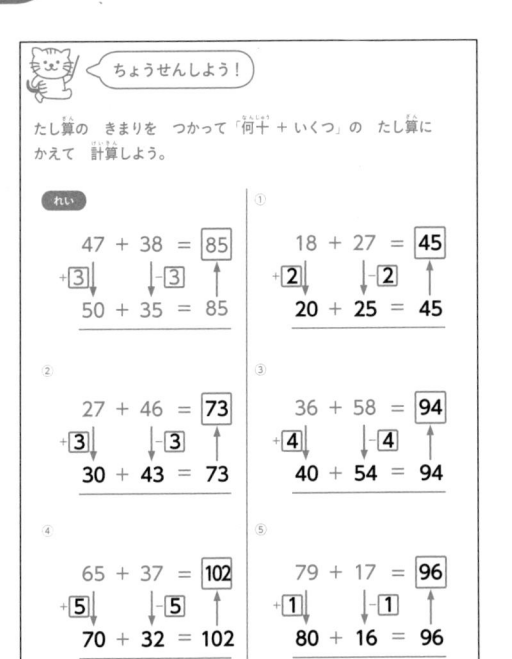

4 たし算の ひっ算の しくみ

1 2の式は複数の組み合わせがあります

やって みよう！

1 □の 中に 2、4、6、8の 数を 入れるよ。
答えが 一番 大きくなる たし算、一番 小さくなる たし算を 作って 計算しよう。

① 一番 大きい
$\boxed{8}\boxed{4}$
$+ \boxed{6}\boxed{2}$
$1\,4\,6$

② 一番 小さい
$\boxed{2}\boxed{8}$
$+ \boxed{4}\boxed{6}$
$7\,4$

2 □の 中に 1、2、3、4、5の 数を 入れるよ。
答えが 一番 大きくなる たし算、一番 小さくなる たし算を 作って 計算しよう。

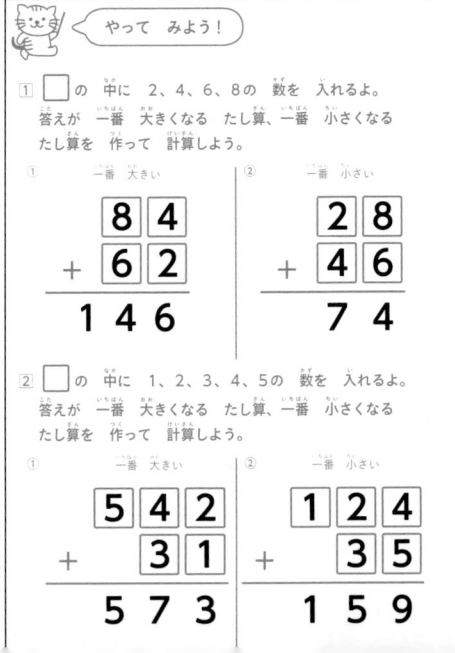

① 一番 大きい
$\boxed{5}\boxed{4}\boxed{2}$
$+ \boxed{3}\boxed{1}$
$5\,7\,3$

② 一番 小さい
$\boxed{1}\boxed{2}\boxed{4}$
$+ \boxed{3}\boxed{5}$
$1\,5\,9$

1の式は複数の組み合わせがあります

ちょうせんしよう！

0は 一番 上の 位には つかえないよ！

1 □の 中に 0、1、2、3、4の 数を 入れるよ。答えが 一番 大きくなる たし算、一番 小さくなる たし算を 作って 計算しよう。

① 一番 大きい
$\boxed{4}\boxed{3}\boxed{1}$
$+ \boxed{2}\boxed{0}$
$4\,5\,1$

② 一番 小さい
$\boxed{1}\boxed{0}\boxed{3}$
$+ \boxed{2}\boxed{4}$
$1\,2\,7$

2 □に あてはまる 数を 入れて ひっ算を かんせいさせよう。

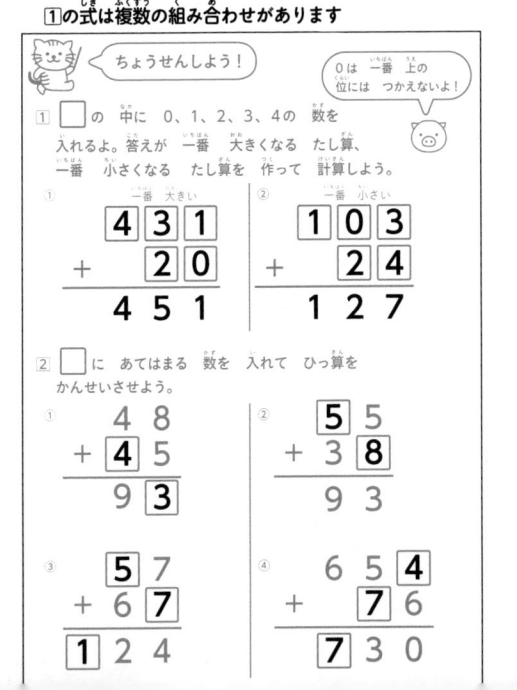

① $\begin{array}{r} 4\,8 \\ + \boxed{4}\,5 \\ \hline 9\,3 \end{array}$

② $\begin{array}{r} \boxed{5}\,5 \\ + \;3\,\boxed{8} \\ \hline 9\,3 \end{array}$

③ $\begin{array}{r} \boxed{5}\,7 \\ + \;6\,\boxed{7} \\ \hline \boxed{1}\,2\,4 \end{array}$

④ $\begin{array}{r} 6\,5\,\boxed{4} \\ + \quad 7\,6 \\ \hline \boxed{7}\,3\,0 \end{array}$

答え

5 きりよくして ひく

🐱 やって みよう！

① 「何十 － いくつ」と なるように □に 1けたの数を
入れて 3つの 数の ひき算を かんたんにしよう。

れい

$36 - \boxed{6} - 9 \Rightarrow \underset{\text{(何十)} - \text{(いくつ)}}{\textcircled{30} - 9 = 21}$

（30）

① $43 - \boxed{3} - 8 \Rightarrow \textcircled{40} - 8 = 32$

（40）

② $64 - \boxed{4} - 7 \Rightarrow \textcircled{60} - 7 = 53$

（60）

② 「いくつ － 何十」と なるように □に 1けたの数を
入れて 3つの 数の ひき算を かんたんにしよう。

れい

$36 - \boxed{1} - 9 \Rightarrow 36 - \textcircled{10} = 26$

（10）

① $54 - \boxed{3} - 27 \Rightarrow 54 - \textcircled{30} = 24$

（30）

② $82 - \boxed{6} - 44 \Rightarrow 82 - \textcircled{50} = 32$

（50）

🐱 ちょうせんしよう！

ひかれる数が 「何十」に なるように ひく数を 分けて
ひき算を しよう。

れい

$34 - 9 = 34 - \boxed{4} - \boxed{5} = \underset{\text{(何十)} - \text{(いくつ)}}{30 - 5 = 25}$
$\boxed{4} \quad \boxed{5}$

① $48 - 19 = 48 - \boxed{8} - \boxed{11} = 40 - 11 = 29$
$\boxed{8} \quad \boxed{11}$

② $62 - 34 = 62 - \boxed{2} - \boxed{32} = 60 - 32 = 28$
$\boxed{2} \quad \boxed{32}$

③ $84 - 58 = 84 - \boxed{4} - \boxed{54} = 80 - 54 = 26$
$\boxed{4} \quad \boxed{54}$

④ $53 - 27 = 53 - \boxed{3} - \boxed{24} = 50 - 24 = 26$
$\boxed{3} \quad \boxed{24}$

⑤ $92 - 48 = 92 - \boxed{2} - \boxed{46} = 90 - 46 = 44$
$\boxed{2} \quad \boxed{46}$

6 ひき算の きまりを つかおう

🐱 やって みよう！

ひき算の きまりを つかって「いくつ － 何十」の ひき算に
かえて 計算しよう。

れい

$23 - 17 = \boxed{6}$
$\overset{+3}{\downarrow} \quad \overset{+3}{\downarrow} \quad \uparrow$
$26 - 20 = 6$

① $32 - 18 = \boxed{14}$
$\overset{+2}{\downarrow} \quad \overset{+2}{\downarrow} \quad \uparrow$
$34 - 20 = 14$

② $45 - 19 = \boxed{26}$
$\overset{+1}{\downarrow} \quad \overset{+1}{\downarrow} \quad \uparrow$
$46 - 20 = 26$

③ $51 - 26 = \boxed{25}$
$\overset{+4}{\downarrow} \quad \overset{+4}{\downarrow} \quad \uparrow$
$55 - 30 = 25$

④ $64 - 35 = \boxed{29}$
$\overset{+5}{\downarrow} \quad \overset{+5}{\downarrow} \quad \uparrow$
$69 - 40 = 29$

⑤ $83 - 47 = \boxed{36}$
$\overset{+3}{\downarrow} \quad \overset{+3}{\downarrow} \quad \uparrow$
$86 - 50 = 36$

🐱 ちょうせんしよう！

ひき算の きまりを つかって「いくつ － 何十」の ひき算に
かえて 計算しよう。

れい

$24 - 18 = \boxed{6}$
$\overset{+2}{\downarrow} \quad \overset{+2}{\downarrow} \quad \uparrow$
$26 - 20 = 6$

① $33 - 19 = \boxed{14}$
$\overset{+1}{\downarrow} \quad \overset{+1}{\downarrow} \quad \uparrow$
$34 - 20 = 14$

② $46 - 17 = \boxed{29}$
$\overset{+3}{\downarrow} \quad \overset{+3}{\downarrow} \quad \uparrow$
$49 - 20 = 29$

③ $52 - 26 = \boxed{26}$
$\overset{+4}{\downarrow} \quad \overset{+4}{\downarrow} \quad \uparrow$
$56 - 30 = 26$

④ $71 - 45 = \boxed{26}$
$\overset{+5}{\downarrow} \quad \overset{+5}{\downarrow} \quad \uparrow$
$76 - 50 = 26$

⑤ $85 - 58 = \boxed{27}$
$\overset{+2}{\downarrow} \quad \overset{+2}{\downarrow} \quad \uparrow$
$87 - 60 = 27$

答え

7 ひき算の ひっ算の しくみ

やって みよう！

① □の 中に 2、4、6、8の 数を 入れて 答えが 一番 大きくなる ひき算、一番 小さくなる ひき算を 作って 計算しよう。

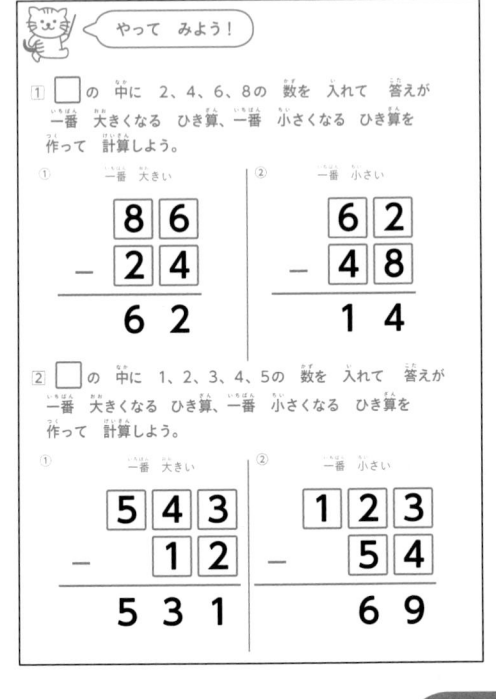

① 一番 大きい

```
  8 6
−
  2 4
─────
  6 2
```

② 一番 小さい

```
  6 2
−
  4 8
─────
  1 4
```

② □の 中に 1、2、3、4、5の 数を 入れて 答えが 一番 大きくなる ひき算、一番 小さくなる ひき算を 作って 計算しよう。

① 一番 大きい

```
  5 4 3
−
    1 2
──────
  5 3 1
```

② 一番 小さい

```
  1 2 3
−
    5 4
──────
    6 9
```

ちょうせんしよう！

0は 一番 上の 位には つかえないよ！

① □の 中に 0、1、2、3、4の 数を 入れるよ。答えが 一番 大きくなる ひき算、一番 小さくなる ひき算を 作って 計算しよう。

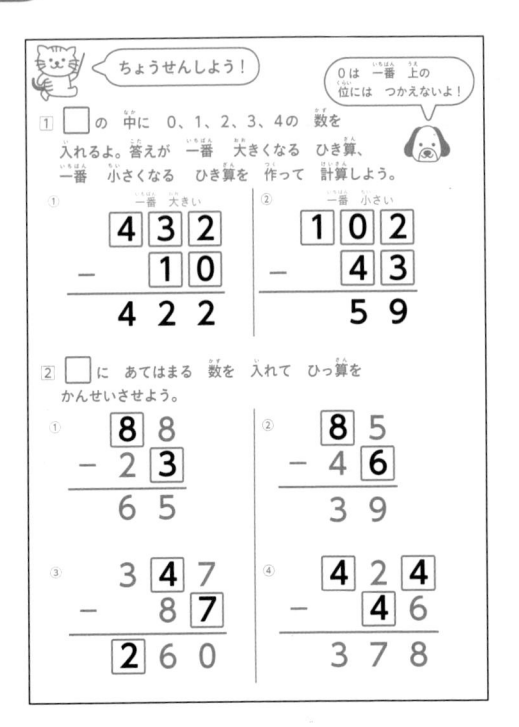

① 一番 大きい

```
  4 3 2
−
    1 0
──────
  4 2 2
```

② 一番 小さい

```
  1 0 2
−
    4 3
──────
    5 9
```

② □に あてはまる 数を 入れて ひっ算を かんせいさせよう。

①
```
  8 8
−
  2 3
─────
  6 5
```

②
```
  8 5
−
  4 6
─────
  3 9
```

③
```
  3 4 7
−
    8 7
──────
  2 6 0
```

④
```
  4 2 4
−
    4 6
──────
  3 7 8
```

8 どちらが 長い？ どちらが 多い？

やって みよう！

① 直線の 長さは どれだけかな？

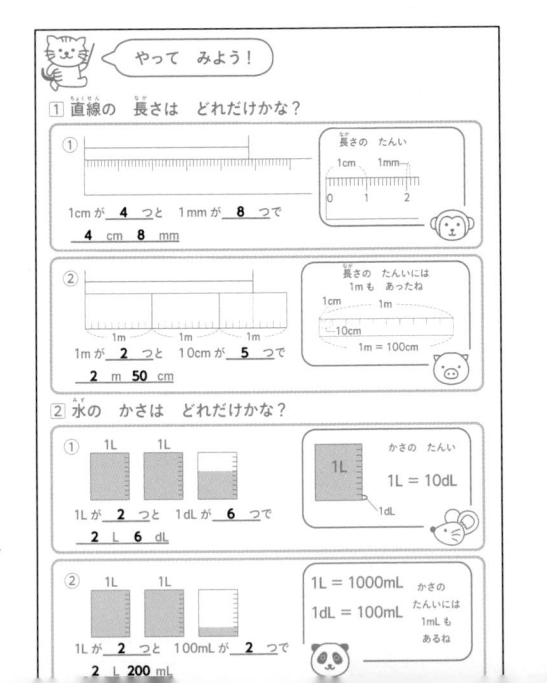

長さの たんい
1cm　1mm

① 1cmが **4** つと 1mmが **8** つで
4 cm **8** mm

長さの たんいには 1m も あったね
1m＝100cm

② 1mが **2** つと 10cmが **5** つで
2 m **50** cm

② 水の かさは どれだけかな？

かさの たんい
1L＝10dL

① 1Lが **2** つと 1dLが **6** つで
2 L **6** dL

1L＝1000mL
1dL＝100mL
かさの たんいには 1mL も あるね

② 1Lが **2** つと 100mLが **2** つで
2 L **200** mL

ちょうせんしよう！

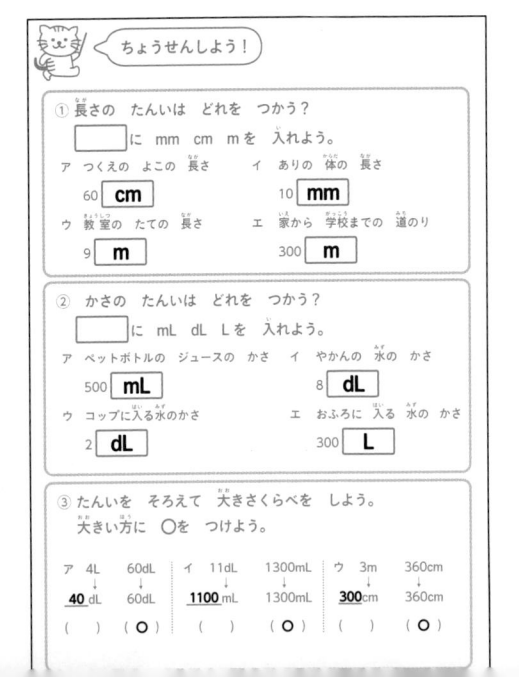

① 長さの たんいは どれを つかう？
□に mm cm m を 入れよう。

ア つくえの よこの 長さ
60 **cm**

イ ありの 体の 長さ
10 **mm**

ウ 教室の たての 長さ
9 **m**

エ 家から 学校までの 道のり
300 **m**

② かさの たんいは どれを つかう？
□に mL dL L を 入れよう。

ア ペットボトルの ジュースの かさ
500 **mL**

イ やかんの 水の かさ
8 **dL**

ウ コップに入る水のかさ
2 **dL**

エ おふろに 入る 水の かさ
300 **L**

③ たんいを そろえて 大きさくらべを しよう。
大きい方に ○を つけよう。

ア 4L　60dL
40dL → 60dL
（ ）　（ ○ ）

イ 11dL　1300mL
1100mL → 1300mL
（ ）　（ ○ ）

ウ 3m　360cm
300cm → 360cm
（ ）　（ ○ ）

9 大きさを そろえよう！

やって みよう！

たんいを そろえて 計算しよう。

① 5cm ＋ 4mm ＝ __5__ cm __4__ mm
↓ ↑
__50__ mm ＋ 4mm ＝ __54__ mm

② 6m ＋ 40cm ＝ __6__ m __40__ cm
↓ ↑
__600__ cm ＋ 40cm ＝ __640__ cm

③ 8L ＋ 7dL ＝ __8__ L __7__ dL
↓ ↑
__80__ dL ＋ 7dL ＝ __87__ dL

④ 2時間 ＋ 5分間 ＝ __2__ 時間 __5__ 分間
↓ ↑
__120__ 分間 ＋ 5分間 ＝ __125__ 分間

ちょうせんしよう！

計算しよう。答えは 2通りの たんいで 書こう。

れい 5m40cm ＋ 4m70cm ＝ 1010cm ➡ 10m10cm
(540) cm (470) cm

① 8m20cm － 4m60cm ＝ __360__ cm ➡ __3__ m __60__ cm
(820) cm (460) cm

② 5cm － 2mm ＝ __48__ mm ➡ __4__ cm __8__ mm
(50) mm

③ 3L4dL ＋ 2L8dL ＝ __62__ dL ➡ __6__ L __2__ dL
(34) dL (28) dL

④ 7L3dL － 4L6dL ＝ __27__ dL ➡ __2__ L __7__ dL
(73) dL (46) dL

⑤ 2L － 300mL ＝ __1700__ mL ➡ __1__ L __700__ mL
(2000) mL

⑥ 2時間30分 ＋ 1時間40分 ＝ __250__ 分間 ➡ __4__ 時間 __10__ 分間
(150) 分間 (100) 分間

⑦ 3時間10分 － 1時間30分 ＝ __100__ 分間 ➡ __1__ 時間 __40__ 分間
(190) 分間 (90) 分間

⑧ 5分間 － 5秒間 ＝ __295__ 秒間 ➡ __4__ 分間 __55__ 秒
(300) 秒間

10 どちらが 大きい？

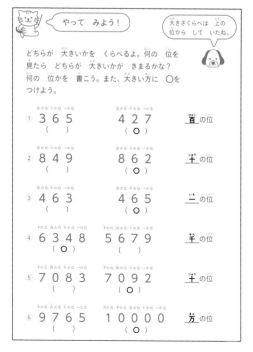

やって みよう！

大きさくらべは 上の 位から して いたね。

どちらが 大きいかを くらべるよ。何の 位を 見たら どちらが 大きいかが きまるかな？ 何の 位かを 書こう。また、大きい方に ○を つけよう。

① 365 427 __百__ の位
( ) (○)

② 849 862 __十__ の位
( ) (○)

③ 463 465 __一__ の位
( ) (○)

④ 6348 5679 __千__ の位
(○) ( )

⑤ 7083 7092 __十__ の位
( ) (○)

⑥ 9765 10000 __万__ の位
( ) (○)

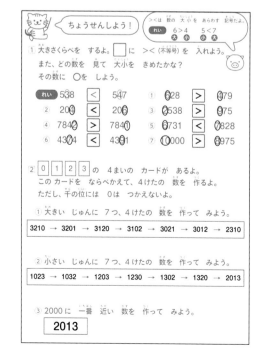

ちょうせんしよう！

＜＞は 数の 大小を あらわす 記号だよ。
れい 6>4 5<7
大小 小大

① 大きさくらべを するよ。□に ＞＜(不等号) を 入れよう。また、どの数を 見て 大小を きめたかな？その数に ○を しよう。

れい 5③8 ＜ 5④7
① 6②8 ＞ 6①9
② 20④ ＜ 20⑥
③ ②538 ＞ ①975
④ 784② ＞ 784①
⑤ ⑥731 ＜ ⑦828
⑥ 43②4 ＜ 43⑨1
⑦ ①0000 ＞ ⑨975

② [0] [1] [2] [3] の 4まいの カードが あるよ。このカードを ならべかえて、4けたの 数を 作るよ。ただし、千の位には 0は つかえないよ。

① 大きい じゅんに 7つ、4けたの 数を 作って みよう。

3210 → 3201 → 3120 → 3102 → 3021 → 3012 → 2310

② 小さい じゅんに 7つ、4けたの 数を 作って みよう。

1023 → 1032 → 1203 → 1230 → 1302 → 1320 → 2013

③ 2000に 一番 近い 数を 作って みよう。

2013

答え

大野先生のさんすうクイズ

11 位が上がるのは?

やって みよう!

1 おこづかいで 百円玉を これだけ ためたよ。

いくら たまったかな? □に 数を 入れよう。

⑩⑩⑩⑩⑩⑩⑩⑩⑩⑩

100が **10** こ あつまったから、
位が 上がって **1000** 円。

2 いくつ分 あるかを 考えて 計算しよう。

① 200 + 300 = **500**
100が **2** こ + 100が **3** こ = 100が **5** こ

② 600 + 400 = **1000**
100が **6** こ + 100が **4** こ = 100が **10** こ

③ 2000 + 3000 = **5000**
1000が **2** こ + 1000が **3** こ = 1000が **5** こ

④ 6000 + 4000 = **10000**
1000が **6** こ + 1000が **4** こ = 1000が **10** こ

ちょうせんしよう!

1 つぎの 数を 書こう。

① 10を 24こ あつめた 数 **240**

② 100を 12こと 1を 27こ あつめた 数 **1227**

③ 1000を 10こと 100を 75こ あつめた 数 **17500**

④ 1000を 9こと 100を 10こ あつめた 数 **10000**

2 いくつ分 あるかを 考えて 計算しよう。

① 340 + 270 = **610**
10が **34** こ + 10が **27** こ = 10が **61** こ

② 620 + 380 = **1000**
10が **62** こ + 10が **38** こ = 10が **100** こ

③ 4200 + 2500 = **6700**
100が **42** こ + 100が **25** こ = 100が **67** こ

④ 5500 + 4500 = **10000**
100が **55** こ + 100が **45** こ = 100が **100** こ

12 三角形と四角形

①の 答えは れい です。

やって みよう!

① ◯ の 形を した 紙を 直線で 切り分けて 四角形を 切りとるよ。四角形を 1つ 切りとるには 何本の 直線を ひけば いいかな?

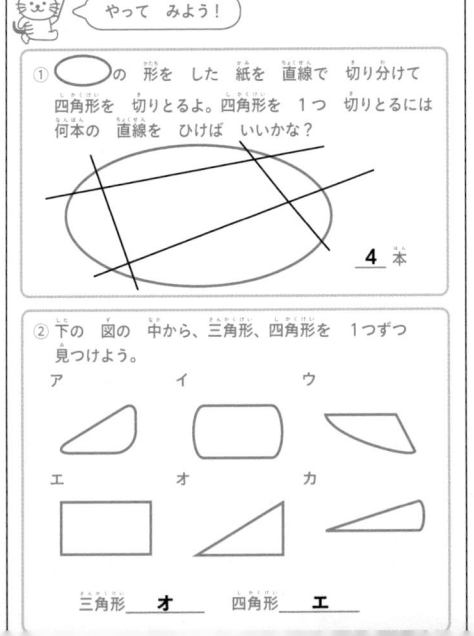

4 本

② 下の 図の 中から、三角形、四角形を 1つずつ 見つけよう。

ア　イ　ウ
エ　オ　カ

三角形 **オ**　四角形 **エ**

①の 答えは れい です。

ちょうせんしよう!

① 下の 四角形に 直線を 2本 ひいて、つぎの 形に 切り分けよう。
ア 三角形3つ　イ 三角形4つ　ウ 四角形4つ

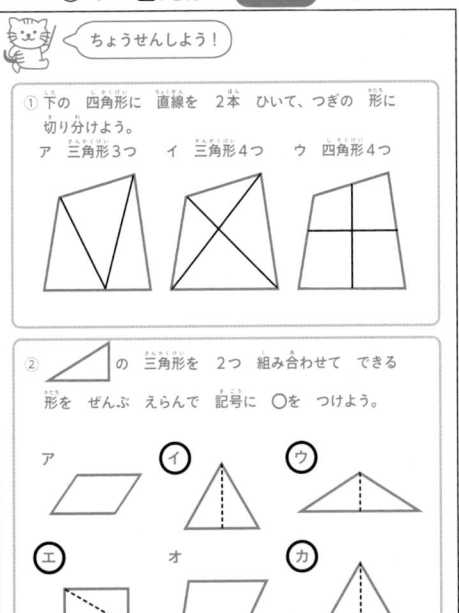

② ◢ の 三角形を 2つ 組み合わせて できる 形を ぜんぶ えらんで 記号に ◯を つけよう。

ア　(イ)　(ウ)
(エ)　オ　(カ)

答え 〈こた〉

13 何が 何こ? 〈なに が なん こ?〉

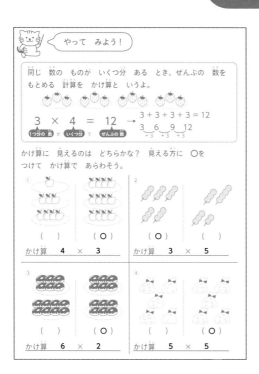

②の 答えは 〈れい〉です。

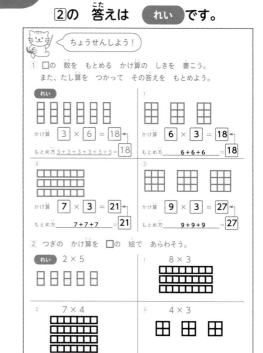

14 かくれた ●は いくつ?

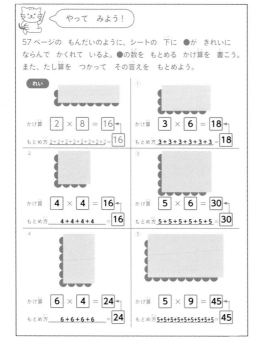

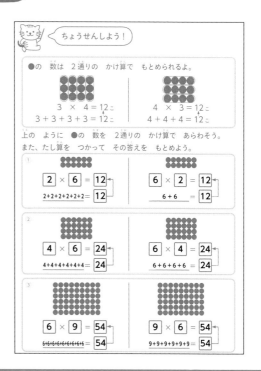

大野先生のさんすうクイズ

答え

15 かけ算を作ろう

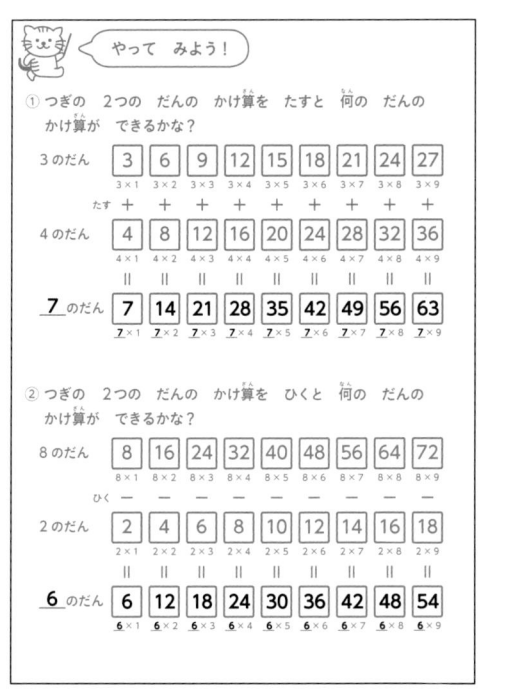

やって みよう！

① つぎの 2つの だんの かけ算を たすと 何の だんの かけ算が できるかな？

3のだん	3	6	9	12	15	18	21	24	27
	3×1	3×2	3×3	3×4	3×5	3×6	3×7	3×8	3×9

たす ＋ ＋ ＋ ＋ ＋ ＋ ＋ ＋ ＋

4のだん	4	8	12	16	20	24	28	32	36
	4×1	4×2	4×3	4×4	4×5	4×6	4×7	4×8	4×9

＝ ＝ ＝ ＝ ＝ ＝ ＝ ＝ ＝

7 のだん	**7**	**14**	**21**	**28**	**35**	**42**	**49**	**56**	**63**
	7×1	7×2	7×3	7×4	7×5	7×6	7×7	7×8	7×9

② つぎの 2つの だんの かけ算を ひくと 何の だんの かけ算が できるかな？

8のだん	8	16	24	32	40	48	56	64	72
	8×1	8×2	8×3	8×4	8×5	8×6	8×7	8×8	8×9

ひく － － － － － － － － －

2のだん	2	4	6	8	10	12	14	16	18
	2×1	2×2	2×3	2×4	2×5	2×6	2×7	2×8	2×9

＝ ＝ ＝ ＝ ＝ ＝ ＝ ＝ ＝

6 のだん	**6**	**12**	**18**	**24**	**30**	**36**	**42**	**48**	**54**
	6×1	6×2	6×3	6×4	6×5	6×6	6×7	6×8	6×9

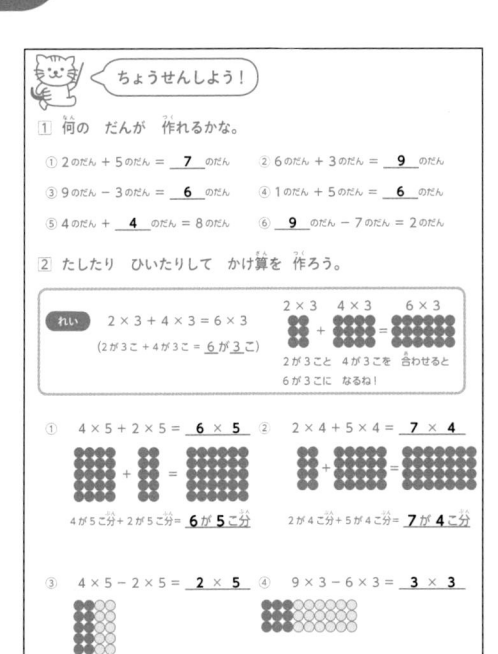

ちょうせんしよう！

① 何の だんが 作れるかな。

① 2のだん ＋ 5のだん ＝ **7** のだん   ② 6のだん ＋ 3のだん ＝ **9** のだん

③ 9のだん － 3のだん ＝ **6** のだん   ④ 1のだん ＋ 5のだん ＝ **6** のだん

⑤ 4のだん ＋ **4** のだん ＝ 8のだん   ⑥ **9** のだん － 7のだん ＝ 2のだん

② たしたり ひいたりして かけ算を 作ろう。

れい　$2 × 3 + 4 × 3 = 6 × 3$
（2が3こ ＋ 4が3こ ＝ <u>6</u>が3こ）

2が3こと 4が3こを 合わせると 6が3こに なるね！

① $4 × 5 + 2 × 5 = $ **6** × **5**

4が5こ分 ＋ 2が5こ分 ＝ **6** が **5** こ分

② $2 × 4 + 5 × 4 = $ **7** × **4**

2が4こ分 ＋ 5が4こ分 ＝ **7** が **4** こ分

③ $4 × 5 - 2 × 5 = $ **2** × **5**

4が5こ分 － 2が5こ分 ＝ **2** が **5** こ分

④ $9 × 3 - 6 × 3 = $ **3** × **3**

9が3こ分 － 6が3こ分 ＝ **3** が **3** こ分

16 まとまりを見つけよう！

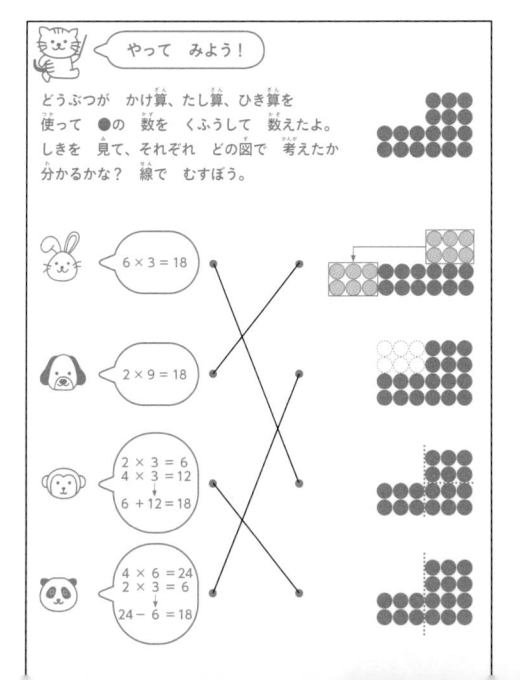

やって みよう！

どうぶつが かけ算、たし算、ひき算を 使って ●の 数を くふうして 数えたよ。しきを 見て、それぞれ どの図で 考えたか 分かるかな？ 線で むすぼう。

$6 × 3 = 18$

$2 × 9 = 18$

$2 × 3 = 6$
$4 × 3 = 12$
$6 + 12 = 18$

$4 × 6 = 24$
$2 × 3 = 6$
$24 - 6 = 18$

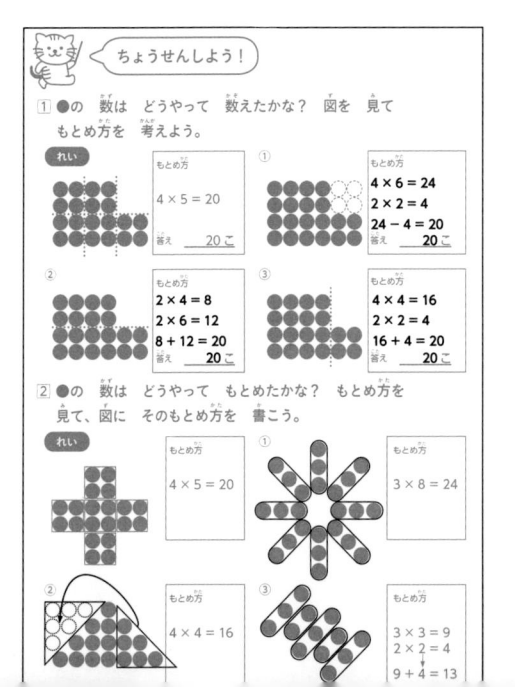

ちょうせんしよう！

① ●の 数は どうやって 数えたかな？ 図を 見て もとめ方を 考えよう。

れい

もとめ方
$4 × 5 = 20$
答え **20** こ

①

もとめ方
$4 × 6 = 24$
$2 × 2 = 4$
$24 - 4 = 20$
答え **20** こ

②

もとめ方
$2 × 4 = 8$
$2 × 6 = 12$
$8 + 12 = 20$

③

もとめ方
$4 × 4 = 16$
$2 × 2 = 4$
$16 + 4 = 20$
答え **20** こ

② ●の 数は どうやって もとめたかな？ もとめ方を 見て、図に そのもとめ方を 書こう。

れい

もとめ方
$4 × 5 = 20$

①

もとめ方
$3 × 8 = 24$

②

もとめ方
$4 × 4 = 16$

③

もとめ方
$3 × 3 = 9$
$2 × 2 = 4$
$9 + 4 = 13$

答え

17 九九パズル

やって みよう！

かけ算九九ひょうを 見て もんだいに 答えよう。

① 答えが 1つしか ない 九九は どれかな。
　九九ひょうの 答えに ◎を つけよう。

② 答えが 3つ ある 九九は どれかな？
　九九ひょうの 答えに △を つけよう。

③ 答えが 4つ ある 九九は どれかな？
　九九ひょうの 答えに □を つけよう。

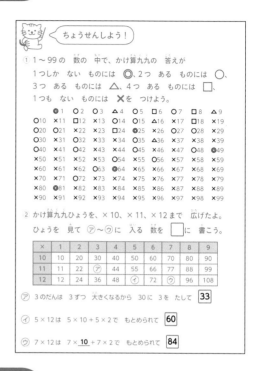

ちょうせんしよう！

① 1〜99の 数の 中で、かけ算九九の 答えが
1つしか ない ものには ◎、2つ ある ものには ○、
3つ ある ものには △、4つ ある ものには □、
1つも ない ものには ✕を つけよう。

② かけ算九九ひょうを、×10、×11、×12まで 広げたよ。
ひょうを 見て ㋐〜㋒に 入る 数を □に 書こう。

×	1	2	3	4	5	6	7	8	9
10	10	20	30	40	50	60	70	80	90
11	11	22	㋐	44	55	66	77	88	99
12	12	24	36	48	㋑	72	㋒	96	108

㋐ 3のだんは 3ずつ 大きくなるから 30に 3を たして **33**

㋑ 5×12は 5×10＋5×2で まとめられて **60**

㋒ 7×12は 7×**10**＋7×2で まとめられて **84**

18 テープの 図に あらわそう

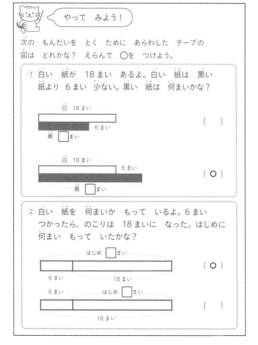

やって みよう！

次の もんだいを とく ために あらわした テープの
図は どれかな？ えらんで ○を つけよう。

① 白い 紙が 18まい あるよ。白い 紙は 黒い
紙より 6まい 少ない。黒い 紙は 何まいかな？

白 18まい　6まい　　　（　　）
黒 □まい

白 18まい　6まい　　　（ ○ ）
黒 □まい

② 白い 紙を 何まいか もって いるよ。6まい
つかったら、のこりは 18まいに なった。はじめに
何まい もって いたかな？

はじめ □まい　　　（ ○ ）
6まい　18まい

6まい　はじめ □まい　　　（　　）
18まい

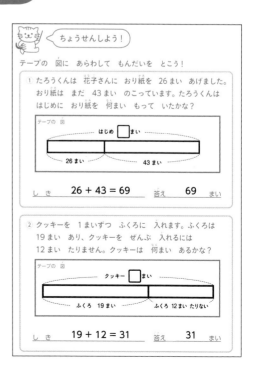

ちょうせんしよう！

テープの 図に あらわして もんだいを とこう！

① たろうくんは 花子さんに おり紙を 26まい あげました。
おり紙は まだ 43まい のこっています。たろうくんは
はじめに おり紙を 何まい もって いたかな？

テープの 図
はじめ □まい
26まい　43まい

しき　**26 ＋ 43 ＝ 69**　　答え　**69** まい

② クッキーを 1まいずつ ふくろに 入れます。ふくろは
19まい あり、クッキーを ぜんぶ 入れるには
12まい たりません。クッキーは 何まい あるかな？

テープの 図
クッキー □まい
ふくろ 19まい　ふくろ 12まい たりない

しき　**19 ＋ 12 ＝ 31**　　答え　**31** まい

大野先生のさんすうクイズ

こた
答え

19 同じ 大きさに 分けよう！

１の 答えは れい です。

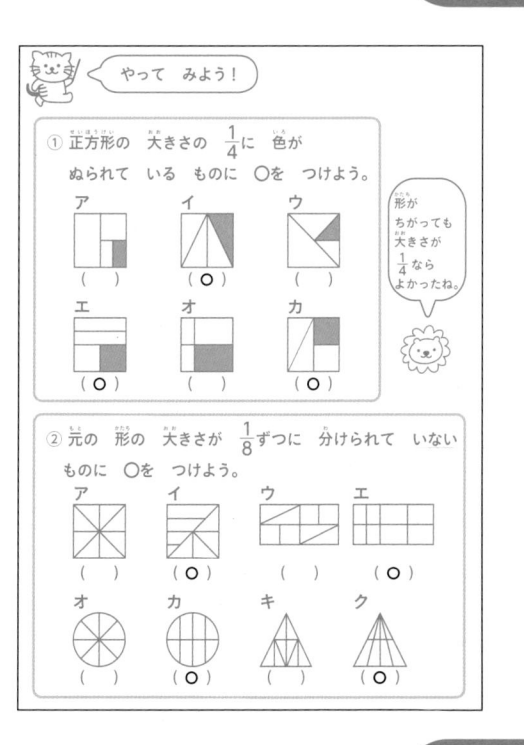

やって みよう！

① 正方形の 大きさの $\frac{1}{4}$に 色が ぬられて いる ものに ○を つけよう。

ア（ ）　イ（ ○ ）　ウ（ ）
エ（ ○ ）　オ（ ）　カ（ ○ ）

形が ちがっても 大きさが $\frac{1}{4}$なら よかったね。

② 元の 形の 大きさが $\frac{1}{8}$ずつに 分けられて いない ものに ○を つけよう。

ア（ ）　イ（ ○ ）　ウ（ ）　エ（ ○ ）
オ（ ）　カ（ ○ ）　キ（ ）　ク（ ○ ）

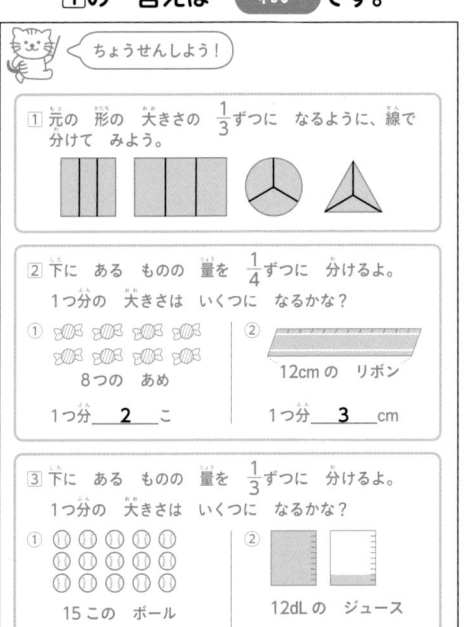

ちょうせんしよう！

① 元の 形の 大きさの $\frac{1}{3}$ずつに なるように、線で 分けて みよう。

② 下に ある ものの 量を $\frac{1}{4}$ずつに 分けるよ。 1つ分の 大きさは いくつに なるかな？

① 8つの あめ　1つ分 __2__ こ
② 12cmの リボン　1つ分 __3__ cm

③ 下に ある ものの 量を $\frac{1}{3}$ずつに 分けるよ。 1つ分の 大きさは いくつに なるかな？

① 15この ボール　1つ分 __5__ こ
② 12dLの ジュース　1つ分 __4__ dL

20 はこを 作ろう！

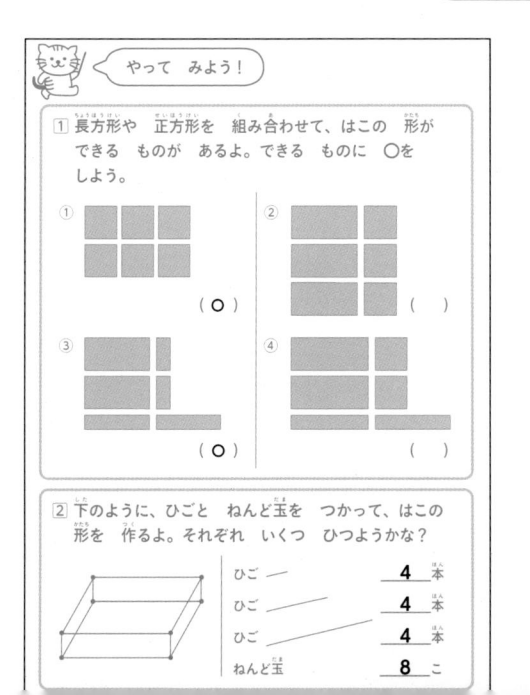

やって みよう！

① 長方形や 正方形を 組み合わせて、はこの 形が できる ものが あるよ。できる ものに ○を しよう。

①（ ○ ）　②（ ）
③（ ○ ）　④（ ）

② 下のように、ひごと ねんど玉を つかって、はこの 形を 作るよ。それぞれ いくつ ひつようかな？

ひご ━━━ __4__ 本
ひご ━━ __4__ 本
ひご ╱ __4__ 本
ねんど玉 __8__ こ

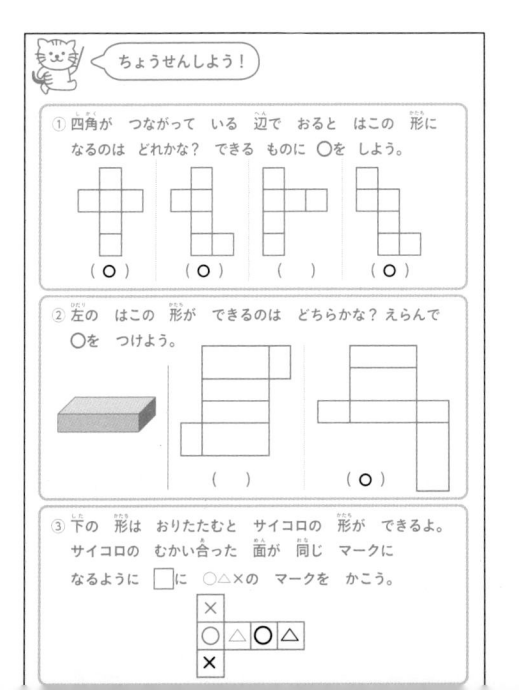

ちょうせんしよう！

① 四角が つながって いる 辺で おると はこの 形に なるのは どれかな？ できる ものに ○を しよう。

（ ○ ）　（ ○ ）　（ ）　（ ○ ）

② 左の はこの 形が できるのは どちらかな？ えらんで ○を つけよう。

（ ）　（ ○ ）

③ 下の 形は おりたたむと サイコロの 形が できるよ。サイコロの むかい合った 面が 同じ マークに なるように □に ○△×の マークを かこう。

	×		
○	△	○	△
	×		